从零开始学
中视频制作与运营

潘凌峰 吴振彩 编著

清华大学出版社

北 京

内 容 简 介

本书从中视频的内容和平台两条线，帮助读者开启自己的中视频创作之路。内容线：从中视频的概念、拍摄技巧、剪辑技巧、内容策划、文案策划、推广引流、营销方式、数据分析和变现方式等方面，对中视频的制作与运营进行了深刻的阐述，帮助读者学习中视频的制作和账号运营的操作。平台线：对西瓜视频、B站、抖音、视频号和快手的推荐机制进行详细分析，深度讲解了中视频运营的具体实战方法，帮助读者快速了解平台的规则，掌握相应的运营方法。

本书结构清晰、内容精练且实用性强，适合想要了解和学习中视频知识的读者，特别是西瓜视频、B站、抖音、视频号和快手等视频平台的运营者阅读。

本书封面贴有清华大学出版社防伪标签，无标签者不得销售。

版权所有，侵权必究。 举报：010-62782989，beiqinquan@tup.tsinghua.edu.cn。

图书在版编目(CIP)数据

从零开始学中视频制作与运营/潘凌峰，吴振彩编著. —北京：清华大学出版社，2021.7
ISBN 978-7-302-58728-6

Ⅰ. ①从… Ⅱ. ①潘… ②吴… Ⅲ. ①视频制作 ②网络营销 Ⅳ. ①TN948.4 ②F713.365.2

中国版本图书馆CIP数据核字(2021)第143107号

责任编辑：张　瑜
封面设计：杨玉兰
责任校对：李玉茹
责任印制：丛怀宇

出版发行：清华大学出版社
　　　　网　　址：http://www.tup.com.cn，http://www.wqbook.com
　　　　地　　址：北京清华大学学研大厦A座　　邮　　编：100084
　　　　社 总 机：010-62770175　　　　　　　邮　　购：010-62786544
　　　　投稿与读者服务：010-62776969，c-service@tup.tsinghua.edu.cn
　　　　质量反馈：010-62772015，zhiliang@tup.tsinghua.edu.cn
印 装 者：小森印刷霸州有限公司
经　　销：全国新华书店
开　　本：170mm×240mm　　　印　　张：15.25　　　字　　数：246千字
版　　次：2021年8月第1版　　　印　　次：2021年8月第1次印刷
定　　价：59.80元

产品编号：062318-01

前 言

互联网技术的发展，让人们深刻地体验到了移动视频的乐趣，用手机看视频已经逐渐成为广大用户较重要的娱乐方式之一。然而，短视频在快速发展的过程中遇到了一些瓶颈。于是，在短视频增长乏力的情况下，有深度、发展迅猛的中视频自然就成了众多视频平台竞相入局的新风口。从长期来看，中视频创作者的"黄金"时代已经到来。

本书从基本要素出发，向读者展示了全新的内容营销方式，同时结合经典的案例，帮助读者循序渐进地掌握中视频知识，并在学习中视频的制作与运营的过程中提升自身能力。

书中主要介绍了中视频的概念、拍摄技巧、剪辑技巧、内容策划、文案策划、推广引流、营销方式、数据分析和变现方式等内容，目的是让读者对中视频的概念有更深入的了解。不仅如此，本书还为读者提供了一条从零开始快速掌握中视频的内容制作和运营技巧的捷径。

学习书中内容，读者可以明确中视频领域的基本知识，了解其特征及优劣势；了解其潜在的发展空间，找到一条入局中视频的正确道路；掌握中视频的拍摄技巧和剪辑技巧，为制作中视频内容打下坚实的基础；学会账号的打造以及运营的技巧，找准发展的方向；学习内容、文案的策划和推广引流的方法，增加内容的曝光量；熟知营销、数据分析和变现的方法，以找准运营策略，发挥强 IP 的优势，吸粉变现。

为了使大家能对书中所总结的知识点融会贯通，本书利用图文形式将一些较抽象的内容简化，给大家一个良好的阅读体验。不仅如此，本书在讲述知识点时，也穿插了一些案例，以帮助读者更好地将案例与可操作的技巧结合起来，学会触类旁通。

特别提醒：书中采用的西瓜视频、B 站、抖音、视频号和快手等视频平台的案例界面，包括账号、作品和粉丝量等相关数据，以及平台的操作步骤都是作者写稿时的截图，从书稿编写到出版，中间还有几个月的时间，若图书出版后平台有更新，请读者以平台的实际情况为准，根据书中提示，举一反三操作即可。

本书由潘凌峰、吴振彩编著，参与编写的人员还有卢海丽等人，在此表示感谢。由于作者知识水平有限，书中难免有疏漏之处，恳请广大读者批评和指正。

编　者

目 录

第1章　中视频的概念与发展................1

1.1　中视频的概念与价值................2

1.1.1　中视频是什么................2

1.1.2　中视频的特征................3

1.1.3　中视频的价值................3

1.2　中视频的运作逻辑与优缺点................5

1.2.1　中视频的运作逻辑................5

1.2.2　中视频的优势与不足................6

1.3　中视频潜在发展空间................8

1.3.1　中视频的新机遇................9

1.3.2　中视频的发展前景................10

1.3.3　如何入局中视频................11

第2章　找准平台抓住红利................13

2.1　补贴力度大的西瓜视频................14

2.1.1　西瓜视频的前世今生................14

2.1.2　西瓜视频推荐系统的特征................16

2.1.3　西瓜视频算法分发的特点................17

2.1.4　中视频内容制作的建议................17

2.2　日活数量大的抖音平台................19

2.2.1　抖音平台的推荐机制................19

2.2.2　抖音算法关键要素................21

2.2.3　抖音上热门的技巧................22

2.2.4　抖音运营注意事项................27

第3章　了解平台机制精准运营..........29

3.1　成为B站创作者................30

3.1.1　注册会员................30

3.1.2　身份认证................31

3.1.3　了解平台功能................33

3.1.4　分区投稿规则................34

3.1.5　B站推荐规则................41

3.2　成为快手创作者................43

3.2.1　了解快手算法机制................43

3.2.2　根据账号定位准备内容................45

3.2.3　利用生活场景连接用户................46

3.2.4　选择合适的发布时间................46

3.3　成为社交圈达人................47

3.3.1　视频号的基本定义................47

3.3.2　视频号的功能特点................47

3.3.3　视频号的账号类型................49

3.3.4　做好运营准备................50

3.3.5　了解推荐机制................53

第4章　掌握技巧赢在起点................55

4.1　前期技巧：掌握构图方法................56

4.1.1　前景构图法................56

4.1.2　九宫格构图法................57

4.1.3　水平线构图法................58

4.1.4　对称式构图法................59

4.1.5　三分线构图法............60

　　　4.1.6　仰拍构图法............62

　　4.2　拍摄技巧：让视频与众不同............64

　　　4.2.1　运用光线............65

　　　4.2.2　背景虚化............66

　　　4.2.3　剪影拍摄............67

　　　4.2.4　镜头滤镜............68

　　4.3　运镜手法：呈现视觉效果............69

　　　4.3.1　镜头景别............70

　　　4.3.2　推拉运镜............74

　　　4.3.3　横移运镜............77

　　　4.3.4　跟随运镜............78

　　　4.3.5　升降运镜............79

第5章　剪辑精彩视频大片............83

　　5.1　快速认识剪映............84

　　　5.1.1　认识页面，快速上手............84

　　　5.1.2　缩放轨道，精确剪辑............85

　　　5.1.3　导入素材，丰富画面............86

　　　5.1.4　工具区域，方便快捷............87

　　5.2　玩转视频剪辑............88

　　　5.2.1　基本剪辑，轻松上手............88

　　　5.2.2　逐帧剪辑，精确度高............91

　　　5.2.3　两种变速，多种预设............92

　　5.3　增加视频特效............95

　　　5.3.1　添加酷炫特效............96

　　　5.3.2　添加滤镜效果............98

　　　5.3.3　制作创意背景............100

　　5.4　添加视频字幕............103

　　　5.4.1　普通字幕............103

　　　5.4.2　气泡文字............104

　　　5.4.3　字幕贴纸............105

　　5.5　处理视频声音............107

　　　5.5.1　导入背景音乐............107

　　　5.5.2　录制语音旁白............108

　　　5.5.3　裁剪音乐素材............110

　　　5.5.4　消除视频噪声............111

第6章　定位账号方向精准............113

　　6.1　做好账号定位............114

　　　6.1.1　根据自身专长定位............114

　　　6.1.2　根据用户需求定位............115

　　　6.1.3　根据人设特点定位............118

　　　6.1.4　根据内容方向定位............118

　　6.2　养号提升权重............119

　　　6.2.1　1人1机固定网络............119

　　　6.2.2　个人信息真实完善............120

　　　6.2.3　保持活跃提升价值............120

　　6.3　打造吸金账号............120

　　　6.3.1　满足本能需求............120

　　　6.3.2　做好形象包装............124

　　　6.3.3　将IP人格化............126

第7章　策划内容打造爆款............129

　　7.1　找到好内容的生产方法............130

　　　7.1.1　内容制作紧跟定位............130

　　　7.1.2　加入创意适当改编............130

　　　7.1.3　打造新意制造热度............133

　　　7.1.4　内容加强品牌联想............133

　　7.2　找到容易上热门的内容............134

　　　7.2.1　俊男美女颜值加分............134

　　　7.2.2　呆萌可爱吸引注意............134

　　　7.2.3　看点十足赏心悦目............136

　　　7.2.4　幽默搞笑氛围轻松............137

7.2.5 传授知识传达价值............139

7.3 让视频传播更快的技巧.................139

    7.3.1 贴近真实生活.................139

    7.3.2 第一人称叙述.............140

    7.3.3 关注热门内容.................141

    7.3.4 讲述共鸣故事.................142

第 8 章 策划文案吸引用户 145

8.1 标题撰写简单精准.................146

    8.1.1 标题撰写的要点.................146

    8.1.2 常用的吸睛标题.................147

    8.1.3 爆款标题撰写技巧.................150

8.2 封面设计抓人眼球.................152

    8.2.1 选取封面，要求严苛.........153

    8.2.2 注意事项，必须规避.........154

8.3 脚本编写思路清晰.................156

    8.3.1 视频脚本的类型.................156

    8.3.2 编写脚本的步骤.................157

    8.3.3 编写脚本的禁区.................158

8.4 情节设计脑洞够大.................159

    8.4.1 设计戏剧性情节.................159

    8.4.2 抓住用户心理提高观看量...162

第 9 章 推广引流增加曝光 167

9.1 内部引流.................168

    9.1.1 矩阵引流.................168

    9.1.2 互推引流.................168

    9.1.3 热搜引流.................169

    9.1.4 社群引流.................170

9.2 外部引流.................171

    9.2.1 微信引流.................171

    9.2.2 QQ 引流.................173

9.2.3 微博引流.................174

9.2.4 今日头条引流.................175

9.3 私域引流.................176

    9.3.1 B 站引流.................176

    9.3.2 视频号引流.................180

    9.3.3 抖音引流.................182

第 10 章 精准营销引爆销量 185

10.1 营销产品的关键点.................186

    10.1.1 筛选产品保证体验.........186

    10.1.2 了解产品以及用户.........187

    10.1.3 满足需求直击痛点.........188

    10.1.4 构建产品营销体系.........189

10.2 精准营销的技巧.................190

    10.2.1 做好产品定位.................190

    10.2.2 细分找切入点.................191

    10.2.3 抓住长尾市场.................192

    10.2.4 对比突出优势.................192

    10.2.5 赋予精神力量.................194

10.3 引爆销量的方法.................196

    10.3.1 活动营销.................196

    10.3.2 饥饿营销.................197

    10.3.3 口碑营销.................198

10.4 营销的注意事项.................199

    10.4.1 营销前准备充分.................199

    10.4.2 账号产品推销到位.........200

    10.4.3 弱化营销痕迹.................200

第 11 章 分析数据找准策略 203

11.1 直接分析确定内容方向.................204

    11.1.1 关注热门视频的数据.........204

    11.1.2 关注展现量衡量质量........206

11.1.3 关注播放量评估热度.........207

11.1.4 关注完播率分析预期.........208

11.1.5 关注播放时长把握节奏.....209

11.2 间接分析利用长尾效应..................209

11.2.1 分析收藏量和转发量.........209

11.2.2 分析中视频点赞量.............211

11.2.3 分析中视频互动量.............211

11.2.4 分析新增粉丝数据.............212

11.2.5 分析粉丝了解现状.............213

11.3 掌握技巧做好账号运营.................215

11.3.1 个人账号品牌化.................215

11.3.2 账号运营差异化.................218

11.3.3 塑造人设价值.....................218

11.3.4 粉丝运营技巧.....................220

第 12 章 多种方式高效变现.............223

12.1 电商变现...224

12.1.1 自营店铺变现.....................224

12.1.2 卖货赚取佣金.....................224

12.1.3 微商卖货变现.....................226

12.2 广告变现...226

12.2.1 冠名商广告模式.................227

12.2.2 浮窗 Logo 广告模式.........228

12.2.3 贴片广告模式.....................228

12.2.4 品牌广告模式.....................229

12.3 直播变现...230

12.3.1 直播间礼物变现.................231

12.3.2 直播带货变现.....................231

12.4 知识付费...232

12.4.1 付费咨询变现.....................232

12.4.2 线上授课变现.....................233

12.4.3 出版图书变现.....................233

12.4.4 销售干货变现.....................234

12.5 其他变现方式.................................235

12.5.1 签约机构变现.....................235

12.5.2 IP 增值变现.........................235

第 1 章

中视频的概念与发展

在视频大环境已经趋于稳定的背景下,中视频的市场不断扩大,所以各视频平台都加大了对中视频创作者的扶持力度,属于中视频创作者的黄金时代已经到来。本章笔者将带领大家了解中视频,帮助大家做好入局中视频领域的准备。

1.1 中视频的概念与价值

作为移动互联网时代下的一块流量洼地,中视频的价值逐渐被各视频平台所重视。随着西瓜视频高调宣布杀入中视频赛道,各大视频平台对于中视频的资源从暗夺变成了明争,而 B 站在中视频原有的阵地上,也在悄悄布局中视频的发展大计。对于创作者来说,这无疑是一个入局中视频领域的好时机。

本小节笔者将分别对中视频的概念、特征、价值作出详细的分析,帮助想要入局中视频领域的创作者了解中视频。

1.1.1 中视频是什么

短视频过度娱乐化、内容深度不足的缺点逐渐显现,这些缺点会影响内容的吸引力,从而降低用户留存率。如今,中视频已经成为视频赛道的后起之秀,与短视频相比,中视频的时长更长,所包含的信息更丰富,它不仅能把一个故事完整地展现给用户,还可以满足用户时间碎片化的基本要求,更容易形成黏性和IP。那么,什么是中视频呢?

2020 年 10 月 20 日,西瓜视频总裁首次提出了"中视频"的概念,他表示:中视频是一种时长在 1 分钟到 30 分钟之间,以横屏视频形式呈现的视频。同时,西瓜视频总裁还表示,西瓜视频未来一年将拿出 20 亿元补贴并扶持优质中视频创作者,这意味着会有越来越多的创作者入局中视频领域。

除了时长以外,中视频与长、短视频在很多方面都存在着差异。例如,中视频的生产模式主要是 PUGC(Professional User Generated Content),即专业用户生产内容或专家生产内容,其主要的视频类型为生活、知识类等,如图 1-1 所示。

类 别	短视频	中视频	长视频
时 长	1分钟以内	1-30分钟	30分钟以上
生产模式	UGC	PUGC	OGC
展现形式	竖屏	横屏	横屏
国内产品代表	抖音、快手	西瓜视频、哔哩哔哩	优酷、爱奇艺、腾讯视频
海外产品代表	TikTok	YouTube	Netflix、Disney+
主要视频类型	创意类	生活、知识类	影视、综艺
平台盈利模式	信息流广告、直播电商	广告、直播等	会员付费、贴片广告

图 1-1　中视频与长、短视频的区别

1.1.2 中视频的特征

与风头正劲的短视频相比，中视频在内容营销方面有着极大的优势，并且具有完整度更高的信息量。可以说，中视频将是重新定义内容营销的新风口。那么这个新风口又有什么特征呢？具体来说，中视频的特征有 3 个，如图 1-2 所示。

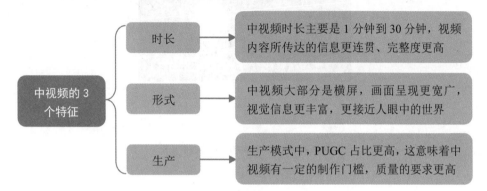

图 1-2　中视频的 3 个特征

1.1.3 中视频的价值

中视频作为内容创作的载体之一，不仅能适应移动互联网时代的时间碎片化节奏，还能承载更深层的内容厚度，可以让用户产生更多的获得感、满足感和激发感。同时，它也加速了内容的量化和专业化，带来了多维度的商业化价值。下面笔者将从内容价值和商业价值这两方面对中视频的价值作出详细分析。

1. 内容价值

在社会经济发展、竞争越发激烈的背景下，大多数用户对未来发展的道路有着很多的不确定性，于是一些用户对正确信息的渴求和对知识学习的意愿都变得愈发强烈。而在用户需求日益增长的情况下，诸多中视频创作者在互联网平台上涌现，并给用户带来了许多有价值、有深度的内容。

不仅如此，这些创作者通过对时事热点的多面呈现和深刻解读，也让更多人认识到这些事件和热点背后的温情和理性，体现了中视频内容在公共议题下所呈现出来的社会价值。

可以说，每个时事热点的背后，都有中视频创作者专业和深度的解读。在 1 分钟到 30 分钟的这个时长里，中视频创作者可以完整、连贯地讲述一件事情，传递更有深度的信息，从而帮助用户用更广阔的视野、更全面的视角看懂时事热点。

例如，当社会竞争的焦虑席卷各行各业的用户时，某中视频创作者就发表了一系列内容，从多个角度分析了多个硬核的干货，理性地指引大家寻找自己的出路，如图1-3所示。

图1-3　某中视频创作者发布的中视频内容

2. 商业价值

中视频创作者大多是一群具有专业背景和社会洞察力的人，这些人往往可以通过深入浅出的表达带给大众一定的启发。而中视频的消费群体很可能是在读的大学生和初入职场的新人、企事业单位的工作人员、城市工作的白领和新蓝领等，也可能是家庭主妇和宝妈群体。这部分群体不仅对个人的成长有诉求，还对社交谈资有一定需求，对更美好的生活有向往。

中视频正好满足了这部分群体的需求，所以当这部分群体在观看中视频时，更容易与具有专业背景、社会洞察力的创作者产生共鸣和连接。而这种紧密的连接，能为品牌带来多维度的商业化价值。

与传统营销不同，中视频在内容和形式上能够满足品牌进一步的营销需求，有利于传达品牌价值，实现与用户间的深度沟通。如果说短视频营销实现了种草产品的目的，那么中视频营销则是在种草的基础上，增加了品牌的价值。这是因为中视频与短视频相比，有着时长的优势，能够把品牌和产品全方位、立体化地展开，向用户输出更深层次的内容。

因此，对于品牌来说，中视频所具备的信息增量特性，能够让品牌营销的内容得到充分的阐述，达到"解读式"营销的效果。

这种"解读式"营销是指创作者在中视频中植入产品的同时，附加了知识的价值，从而实现强品牌曝光、传递品牌价值的一种营销方式。中视频创作者利用这种方式进行产品营销，不仅能让用户充分掌握产品的知识，了解品牌的价值，还为视频的内容增加了趣味性。

　　例如，某西瓜视频创作者就与一个汽车品牌合作推出了一期视频，在视频中，他基于物理、化学和经济等方面的研究，耐心地向用户科普了有关汽车自动驾驶技术的知识，然后自然地引出了目前技术比较成熟的某个汽车品牌，达到了帮助汽车品牌传递价值的目的。

　　此外，中视频创作者还可以在中视频的内容中添加场景化的广告植入，对品牌所想要引领的生活方式进行注解，让品牌通过中视频内容与目标用户完成深度沟通，给用户留下深刻的品牌印象。

　　例如，某西瓜视频创作者经常会利用生动直观的模型演示向用户科普一些生活中的小知识，当他向用户科普正确的刷牙方法时，就植入了一个牙刷品牌的广告，放大了该品牌牙刷高清洁力度、有效抑制口腔问题的优点，把牙刷广告做成了刷牙的科普课堂，给用户留下了深刻的印象，如图 1-4 所示。

图 1-4　某中视频创作者在科普刷牙方法时植入了广告

1.2　中视频的运作逻辑与优缺点

　　网络基础设施的升级和视频行业的快速发展，不仅推动了以长视频为主的腾讯、优酷和爱奇艺等平台向前的脚步，还催生了以抖音、快手为代表的短视频平台。中视频的普及虽然没有长、短视频那么顺利，但是也出现了以 B 站、西瓜视频为代表的佼佼者。那么，中视频这种内容形式存在着怎样的运作逻辑、优势和不足呢？笔者将在本小节对这一问题作出详细解答。

1.2.1　中视频的运作逻辑

　　在分析中视频的运作逻辑之前，我们首先需要思考两个问题：第一个问题就是短视频为什么会火？第二个问题就是在抖音诞生之前，为什么短视频没那么火？在笔者看来，短视频之所以会火，是因为其满足了以下条件，如图 1-5 所示。

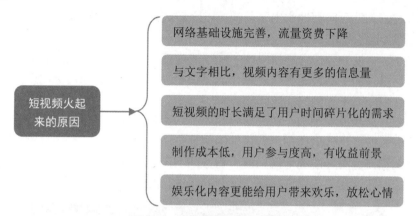

图 1-5　短视频火起来的原因

关于第二个问题，笔者认为是抖音给短视频行业带来了一些质的改变，所以迅速地引爆了短视频的内容形式。正因为抖音平台大力扶持内容制作，使内容变得更优质，这些优质内容才能得到更好的传播，从而形成内容生产与消费的良性循环。

从以上两个问题的分析中，我们可以看到 UGC(Users Generate Content，用户产生内容)形式的短视频内容运行的底层逻辑和规律，这些底层的逻辑和规律同样适用于中视频内容。对此，我们可以将中视频的逻辑作出如下总结。

(1) 用户对视频这种内容形式已经养成了良好的消费习惯。

(2) 平台的扶持使创作者的内容和收益有所保障，中视频模式可持续发展。

由此可见，中视频这种内容形式在国内是必然会发展起来的。但中视频流行所需要的条件比短视频更严苛，而且内容的制作有一定难度，所以中视频的创作者必然是以专业博主为主，UGC 占少数，这要求平台给内容创作者足够的激励，并提供可持续的激励方案。

1.2.2　中视频的优势与不足

其实，"中视频"的大战，早已拉开了序幕。2019 年 8 月 24 日，抖音宣布逐步开放 15 分钟的视频发布时长。做出改变的还有快手平台，据报道，快手于 2019 年 7 月就向一部分用户开放了 5 ~ 10 分钟的视频录制时长内测。

不仅如此，现在的中视频市场，更是迎来了许多虎视眈眈的"新"玩家。例如，2020 年 4 月，爱奇艺悄悄上线了直指中视频市场的产品"随刻"；2020 年 9

月15日，北京字节跳动CEO在抖音创作者大会上公布了全新的创作者扶持计划，表示在未来将让抖音创作者的收入达到800亿元，其中就包含对中视频创作者的扶持，如图1-6所示。

图1-6　北京字节跳动CEO公布抖音全新创作者扶持计划的现场

由此可见，巨头们在中视频领域的较量正越来越激烈，这是因为中视频与长、短视频相比，有着不可比拟的优势。笔者将其总结为3点，具体内容如下。

(1) 中视频的内容更有趣、实用且有深度。在移动互联网时代，碎片时间已经成为一个重要概念，也是众多互联网平台正在争夺的重要资源。而中、长和短这三种视频就分别对应着不同时长的碎片时间。例如，在过去，如果用户想看电影、电视剧和综艺，就会首选爱奇艺、腾讯视频和优酷这类长视频平台；如果想要观看内容节奏快的视频，就会选择短视频平台。

而与长、短视频平台不同的是，中视频所面对的是一些想要观看产品测评、美妆科普和学习技能等内容的用户，他们对这些真实、实用且有深度的信息往往很渴求，并且具备一定的行动效率。

据西瓜视频总裁透露，虽然短视频的发展很快，但根据内部数据，大多数用户每天花在中视频上的时长，已经超过了短视频时长的一半，并且是长视频时长的两倍，目前这个数据仍然在快速增长。

因此，更有趣、实用且有深度的中视频内容，可能将改变整个视频产业以及其中的每个平台。不过，目前的中视频市场还处在竞争初期，与长视频和短视频行业有较大差距。中视频市场才刚刚萌芽，但它必将成为主流的一部分，这也是越来越多的巨头争抢这块蛋糕的原因。

（2）中视频能够弥补短视频的短板，帮助创作者提高粉丝黏性，沉淀流量。与短视频相比，中视频能够很好地平衡视频内容的故事性和观赏门槛。例如，我们在生活中经常看的影视剧解说、开箱和知识科普等视频，以及曾经出圈并红遍全网的《万万没想到》系列视频，都是很好地平衡了内容的故事性和观赏性的例子。

（3）与长视频相比，中视频的制作成本和变现难度更低。中视频的内容质量主要比拼的是创作者的创意，这能够激发创作者的创作积极性，并降低变现的难度。不仅如此，中视频的时长比长视频的时长更短，这是减少制作成本的重要因素。

需要注意的是，目前的中视频领域仍面临着一些窘境，那就是与生产方式为 UGC 的短视频相比，中视频的生产门槛较高，这将许多创作者拦在了门外。

针对这一问题，西瓜视频总裁曾表示，中视频有生产门槛，平台就应该提供足够多的服务、产品化的能力，去降低生产中的问题。通过各视频平台的扶持，中视频创作者可以找到一些规模化的内容生产方式，从而催生更多高质量的中视频。

由此可见，各创作者想要在中视频市场破局，既要考虑平台内容生态、商业化等基础素质，也要考虑平台的财力等资源。这是因为中视频这种内容形式也存在一些缺点，具体内容如下。

- 接收效率较阅读文字低，不支持内容检索，记录不方便。
- 在娱乐化方面不如短视频。
- 与短视频相比，中视频的制作成本偏高。

虽然中视频在娱乐化方面不如短视频，制作成本偏高的缺点也符合现状，但是，笔者相信随着 5G 的普及和用户习惯的逐步改变，中视频这种内容形式必然会被大众所接受。

1.3　中视频潜在发展空间

西瓜视频公开强调中视频的重要性之后，其他平台也抓紧了在中视频领域的布局，这无疑也让中视频有了更大的发展空间。

例如，2020 年 9 月，微信视频号开通了 1 ~ 30 分钟视频上传的功能；2020 年 10 月，百度推出了独立视频 App 百度看看；同时知乎在首页新增了主打 3 ~ 5 分钟的视频专区；2020 年 12 月，腾讯视频内容生态大会首次发布了中视频战略，并宣布将中视频与长视频、短视频并列，纳入腾讯视频"雨林"生态的三大"子生态"之中。

此外，B 站虽然没有明确提出中视频的概念，但其作为目前国内最大的PUGV(Professional User Generated Video，由 UP 主创作的视频) 社区，布局中视频的时间已有十年之久。由此我们可以判断，中视频给各平台以及创作者带来的价值是不可估量的。本小节笔者就跟大家探讨中视频的新机遇与发展前景，并给入局中视频领域的创作者提出一些建议。

1.3.1　中视频的新机遇

作为扶持中视频发展的中坚力量，各大平台不遗余力地为中视频创作提供必要的条件。下面笔者将从 3 个方面谈谈各平台在推动中视频发展时，给中视频创作者所带来的新机遇。

1. 中视频的门槛更低

视频平台通过产品的改版、剪辑工具的创新、流量匹配机制的优化等，为创作者提供了更专业的生产工具与发布平台，并帮助创作者降低了中视频的生产成本与创作门槛。例如，抖音推出的剪映 App 和 B 站上线的必剪 App，这些生产工具不仅帮助创作者实现了基本的线上剪辑功能，还提供了贴纸、特效和道具等丰富多样的素材。

又如，2020 年 10 月，西瓜视频宣布联手抖音、剪映推出中视频剪辑工具，以降低中视频的生产门槛；同时，知乎推出的"图文转视频"工具可以通过用户提供的文字材料自动匹配图片和动图，并一键配音生成视频。

2. 平台的扶持力度更大

视频平台为中视频创作者设立了成长激励计划，并为新人创作者提供了培训服务、巨额补贴和营销支持，有效地将资金、人才、平台和用户等资源聚合在一起，迅速激活了中视频的产销循环。

例如，西瓜视频在未来一年将至少拿出 20 亿元用于补贴中视频创作者，并开设了线上直播课、线下实训营和高校影视专业课等，为中视频创作者提供了创作分级培训服务。如图 1-7 所示，为西瓜视频在"西瓜大学"模块上线的一些热门课程。

此外，微博宣布将投入 10 亿元精准广告投放资源以及 300 亿元顶级曝光资源为视频号创作者提供资金与流量支持；知乎启动了 5 亿现金、百亿流量的视频创作者帮扶计划。这些资金扶持给中视频创作者带来了良好的收益预期，也预示着中视频在未来将会给创作者带来很多新机遇。不管是站在商业角度还是社会价值的角度来说，中视频的黄金时代已经到来，这意味着职业中视频创作者的荣耀时刻也即将到来。

图1-7 "西瓜大学"模块中的一些热门课程

3. 众多品牌方的青睐

众多品牌对中视频创作者的关注，其实从侧面也体现出中视频带给创作者的另一大重要价值，那就是在中视频商业化变现模式逐渐成熟的当下，有更多品牌愿意与中视频创作者共创内容，从而为这些创作者带来更多的回报。

当众多品牌方在平台上与中视频创作者合作得更加频繁、规范之后，中视频的内容创作和商业合作也将形成良性循环，从而为创作者带来更稳定、长足的发展。

1.3.2 中视频的发展前景

站在风口上的中视频已经蓄势待发，但其是否能够乘风而起，仍是未知数。如今，内容模式、分成方式和盈利模式这3方面的难题，正困扰着国内中视频赛道中的角逐者。虽然各大平台都在大力扶持中视频的发展，但是中视频在未来的发展能否与长、短视频并齐还未有定论。

不过，在中视频的分成方式上，一些平台已经开始做出了创新。例如，西瓜视频就对中视频"保底＋分成"的分成模式做出有限的创新。

如今，西瓜中视频创作者的收益已经由之前的"播放分成＋商业化收益"形式改成了现在的"播放分成×倍数＋商业化＋定额收益"形式。在盈利模式上，以强大资金、广告系统支持的西瓜视频和腾讯视频都将广告收益作为中视频的主要收入来源，而付费会员制能否从长视频迁移到中视频，仍然要从中视频的用户黏性上寻找突破口。

目前，国内的中视频还处于初期发展阶段，涉足中视频的巨头们不管是在现有视频平台的基础上升级，还是重新打造独立的中视频平台，或许都要经历"阵痛期"。

而对内容创作者来说，在中视频市场还不够成熟、竞争壁垒还没有完全建立的情况下，领域内存在着内容供给不足的问题，所以中视频没有短视频竞争那么激烈。只要这些中视频创作者找到自己喜欢和擅长的题材方向，就有很多机会积累到粉丝，而且这些粉丝的忠诚度会更高。

我们可以预见的是，未来将有更多的创作者加入中视频行列，他（她）们会生产出越来越多的优质内容，从而进一步引爆视频内容行业。

1.3.3　如何入局中视频

继腾讯宣布入局中视频之后，中视频的市场竞争越来越激烈，中视频行业已经在中视频创作者产出作品与内容的加持下，迈入了"黄金时代"。

这个"黄金时代"将给中视频创作者们带来更多提高自身价值与影响力的机会，各视频平台的加入，也会催生越来越多的创作者加入中视频创作的行列。西瓜视频就推出了一系列扶持和运营政策，全面助力视频创作者职业化，给予了创作者更多的尊重与认可，吸引了更多视频创作者进驻西瓜视频。因此，中视频创作者在未来将成为视频内容产业不可或缺的中坚力量。

当前，无论是视频行业、视频平台还是视频创作者，都对中视频保持高热度的讨论，如何入局中视频也就成了核心话题。那么，对于创作者来说，要如何入局中视频，把握住"黄金时代"给自己带来的新机遇呢？笔者总结出以下3点建议。

1. 一键三端同步作品

创作者可以入驻西瓜视频，一键将作品发布到西瓜视频、抖音和今日头条这3个平台上，获得更多曝光。一方面，西瓜视频的产品服务不断升级，给中视频创作者提供了内容生产的优势，而这些优势将进一步助推中视频商业价值的实现。

另一方面，西瓜视频已经与抖音、今日头条深度联动，在中视频创作人分成激励、商单撮合、流量扶持、互动玩法和搜索服务等方向，建立了一个更完善的中视频产品服务矩阵。

2. 与品牌合作定制内容

创作者可以与品牌合作共同定制中视频的内容。因为中视频具备内容信息量更大、受众群体的消费需求高、创作者拥有专业背景等特点，可以使营销信息在定制化推广内容中得到充分的阐述，也更容易传递品牌价值。创作者可以充分发挥中视频的这一商业价值，与品牌联合定制中视频内容，帮助品牌传递价值。

3. 进行场景化营销

创作者可以利用中视频进行场景化营销。对于品牌主而言，"场景化营销"能让用户对广告的接受度变得更高，观看体验感更好。创作者可以将商品多次植入中视频的内容中，呈现商品的使用方法和使用体验，通过体验者的口吻来打动用户，达到潜移默化地影响用户消费观念的效果。

第 2 章

找准平台抓住红利

　　创作者走红、出圈的背后，平台的力量是不容忽视的。而西瓜视频补贴力度大和抖音流量大的优势，正是助推中视频创作者生产出优质内容的动力。本章笔者将带大家了解这两个平台的运营技巧，给将在这两个平台发展中视频的创作者提供借鉴。

2.1　补贴力度大的西瓜视频

2020 年 10 月，西瓜视频总裁在西瓜 PLAY 好奇心大会上提出，西瓜视频未来一年内将至少拿出 20 亿元用于补贴优秀的视频创作者，重点发力中视频内容。这给大量想要入局中视频的创作者提供了契机，当前的西瓜视频，正是各大创作者需要重点发力的平台。

本小节笔者就带领大家了解一下西瓜视频，并介绍西瓜视频推荐系统的一些特征和西瓜视频算法分发的特点，给大家总结 5 个在西瓜平台上制作中视频内容的建议。

2.1.1　西瓜视频的前世今生

西瓜视频是字节跳动旗下的一个个性化推荐视频平台，其视频内容涵盖了音乐、影视、社会、农人、游戏、美食、儿童、生活、体育、文化、时尚和科技等多个分类。创作者要想在西瓜视频平台长期发展，首先需要了解西瓜视频的前世今生。

1. 西瓜视频的"前世"

2016 年，脱胎于今日头条视频板块的头条视频诞生；2017 年 6 月，头条视频在品牌升级之后改名为西瓜视频，并推出了全新的标语"给你新鲜好看"；2017 年 10 月，西瓜视频用户量突破 2 亿，成为当时国内最大的 PUGC 短视频平台。

当时，短视频正是内容领域的风口，西瓜视频也理所当然地投身于繁荣的短视频领域。于是，西瓜视频率先推出了对原创视频创作者的"10 亿元补贴"政策，外加头条矩阵的大力导流，使西瓜视频迅速跃入了短视频领域的第一梯队。

然而，单纯的资金和流量无法长期支持内容创作者的积极性，平台需要其他的方式来获取流量。因此，综艺长视频便成为西瓜视频下一阶段的重头戏。

但已经在短视频领域取得一定成绩的西瓜视频，在仓促的转型过程中并没有解决内容的核心问题。原创、差异化和头条生态确实补充了西瓜视频生态的多样性，但并没有帮助西瓜视频取得进一步的突破。

2. 西瓜视频的"今生"

西瓜视频经过一段时间在不同领域的探索后，对自身的定位便开始愈发明确了。2020 年，西瓜视频在对创作者资源的加码布局之下，选择了介于竖屏短视频与影视综长视频之间的"中视频赛道"。

2020 年 9 月 10 日，西瓜视频官宣了自己的品牌升级计划。引人注目的变动在于西瓜视频的标语由"给你新鲜好看"转变为"点亮对生活的好奇心"。其中，"给你新鲜好看"是西瓜视频对内容资源的强调，而"点亮对生活的好奇心"则包含了西瓜视频现阶段全新的自我认知和定位。

与前两次品牌升级的摇摆路线不同，西瓜视频此次品牌升级的目标表现得十分坚定，那就是以创作者为中心，发力中视频领域。这是因为中视频时长较长、侧重横屏以及内容信息量多的三个特点，在一定程度上可以帮助创作者打破"阅后即忘"的常态，带来了更多信息增量，从而给用户带来满足感。

于是，西瓜视频在内容形式上对于中视频的聚焦，开始提高内容制作的门槛，强调更加丰富层次的 PUGC 生产模式，这让视频作品的内容质量被提高到了更加核心的位置。可以说，虽然西瓜视频给许多创作者带来了机遇，但是也提出了挑战。

那么，创作者要如何抓住红利，在西瓜视频平台快速入门中视频领域呢？针对这一问题，西瓜视频已经给各创作者提供了帮助。它不仅为创作者提供了资源、奖金激励和平台签约机会，还为创作者提供了专业的课程培训。例如，在西瓜视频的"西瓜大学"模块中，新人创作者可以获得免费学习中视频内容制作的课程。如图 2-1 所示，为西瓜视频平台"西瓜大学"模块中的一些入门课程。

图 2-1　"西瓜大学"模块中针对新人创作者的专题课程

同时，在创作服务方面，西瓜视频给创作者提供了更便捷的封面编辑工具，并与剪映深度整合，支持一键应用模板和发布视频，进一步降低了创作的门槛。

2.1.2　西瓜视频推荐系统的特征

中视频创作者要如何在西瓜视频获取高流量？为什么有些视频会被系统推荐获得高流量，而自己发出去的视频却无人问津？

针对这一问题，中视频创作者需要了解的是，西瓜视频推荐系统本质上就是要解决用户、环境和资讯之间的匹配关系。所以，系统在推荐内容前，首先需要在这三者之间经过复杂的计算，从而推算出哪些用户对哪些内容感兴趣，评估用户对该内容感兴趣的程度，然后再进行排序并推荐。而这个推荐的过程，在算法里，我们把它叫作特征。下面笔者分别对西瓜视频推荐系统的 6 个特征进行系统的介绍。

(1) 用户特征：即用户的兴趣、年龄和职业等方面的特征。

(2) 环境特征：即用户当前所处的环境条件。例如，用户所在地是一线还是二线城市、手机使用条件是 4G 还是 Wi-Fi 等。

(3) 资讯特征：系统会从用户所发布中视频的标题和内容当中去提取相应信息，从而对视频进行分门别类。例如，系统会根据创作者所发布的内容去评估这个视频是有关科技类的内容还是娱乐性的内容，同时也会评估内容的时效性。

(4) 相关性特征：系统会自动识别内容的关键词，并将关键词与用户的标签进行匹配，从而识别出用户和内容的相关度。此外，系统还会对内容进行分类匹配，例如，如果内容与游戏相关，那么系统就会将这些与游戏相关的内容推荐给一些经常看游戏资讯的用户。

(5) 热度特征：对于一些社会热点，或者一些有时效性、有热度的资讯，系统会做全局的推送。

(6) 协同性特征：推荐模型从本质上来说就是一个协同模型，比如大部分用户在日常生活中使用西瓜视频看动漫的同时，也会看一些游戏视频，所以当这些用户再次看动漫视频时，系统就会自动推荐有关游戏的视频。

由此可见，西瓜视频推荐系统的作用就是从一个海量的内容池里，帮助用户匹配出少量感兴趣内容。而系统为了给用户提供喜欢的内容，或者更深入地理解用户的需求，会从多个角度去分析用户特征，从用户的年龄、性别和浏览历史等方面刻画出一个基本的用户画像。

刻画出基本的用户画像后，系统会将用户和内容连接起来，把内容推送到用户面前。并且这套系统在推送内容时，会表现出两个明显的特点，如图 2-2 所示。

因此，西瓜视频推荐系统的本质就是利用人工智能揣摩用户兴趣来完成视频的个性化推荐，帮助视频创作者向全世界分享自己的视频作品。

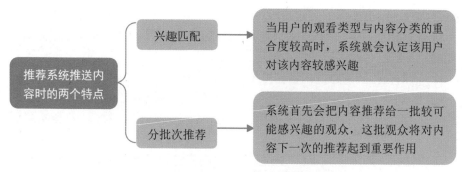

图 2-2　推荐系统推送内容时的两个特点

2.1.3　西瓜视频算法分发的特点

创作者想要获得平台的青睐，除了要对西瓜视频推荐系统有基本的认识之外，还需要对西瓜视频算法的分发特点有所了解。具体来说，西瓜视频算法分发的特点如图 2-3 所示。

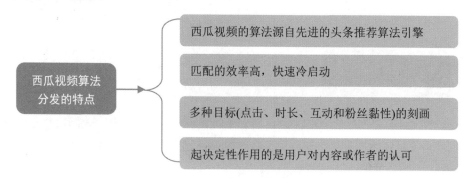

图 2-3　西瓜视频算法分发的特点

2.1.4　中视频内容制作的建议

在西瓜视频平台发布内容时，中视频创作者还需要对所发布的内容进行区分，这是因为西瓜视频会结合人工和机器对低质的视频内容进行高性能的处理。衡量内容是否低质的标准，主要有 5 个方面，具体如下。

(1) 低俗内容。

(2) 易引人反感的内容，如恶心、猎奇等内容。

(3) 有画质问题的内容，如模糊、黑边以及滤镜太严重的内容。

(4) 过分的标题党。

(5) 泛低质的内容，如题文不符、有头无尾或者拼凑编造等内容。

目前，西瓜视频运用了风险内容识别技术识别低质内容。针对以上 5 个方面的低质内容，西瓜视频的应对措施具体如下。

（1）针对低俗内容，系统会同时对内容的文本、图片以及视频进行分析，不仅如此，系统还会对用户的评论进行分析。

（2）针对有画质问题的内容，系统会自动识别，目前准确率超过了90%。

（3）针对泛低质的内容，系统会通过对用户评论做情感分析，并结合用户对内容的负面反馈信息，如根据用户的举报、不感兴趣和踩对内容质量进行评估。

不仅如此，西瓜视频平台对低质的视频内容进行了严厉的打击，除了把单条的低质内容做降权和不予推荐之外，对创作者账号也会进行持续性的惩罚。平台会根据创作者中视频内容的低质程度，来评估账号后续的推荐。

相反，西瓜视频对优质中视频内容则非常重视，并且会对这些优质内容进行较大限度的扶持。具体来说，西瓜视频对优质内容进行扶持主要表现在3个方面，如图2-4所示。

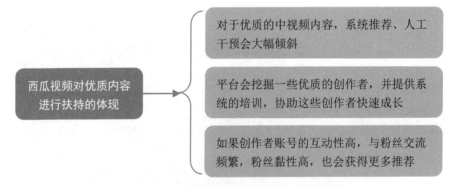

图2-4　西瓜视频对优质内容进行扶持的体现

那么，中视频创作者要想在西瓜视频长久发展，抓住平台的补贴红利，应该如何打造优质的中视频内容呢？笔者总结了5个制作内容的建议，具体内容如下。

（1）中视频创作者在创作内容时，要直面用户的需求，而非面向算法创作。算法只是一个工具，用户对视频内容的满意度高，才是中视频创作者所要关注的。

（2）坚持不做低质内容，避免饮鸩止渴，否则会对账号产生比较大的影响。

（3）创作者要坚持制作优质的原创内容，并不断创新，寻求突破。虽然优质的内容会被系统推荐给感兴趣的用户群体，但是这些内容能否被用户点击观看，还需要内容有足够的吸引力。

（4）创作者在进行账号运营时，要注重与粉丝之间的互动，提高粉丝的黏性，并进行个性化 IP 经营。

(5)在内容领域方面,西瓜视频将聚焦在泛知识、泛生活以及亲子母婴等内容,这意味着中视频创作者如果将泛知识、泛生活以及亲子母婴等内容作为中视频内容制作的重点方向,就有更多机会获得平台的扶持。

2.2　日活数量大的抖音平台

与西瓜视频不同,抖音早期主攻一、二线城市年轻人群体,以精选内容为突破口。随着平台的不断扩大,抖音用户已下沉到四、五线城市,所以平台上除了年轻用户之外,还有一些中老年用户。

现在的抖音是一个大众都非常喜爱的视频平台,也是一个日活跃用户数量庞大的流量池,这是各中视频创作者长驻抖音、生产中视频内容的重要原因。本小节笔者就向大家介绍抖音平台的推荐机制和算法的关键要素,并分享一些上热门的技巧和抖音运营的注意事项。

2.2.1　抖音平台的推荐机制

与西瓜视频一样,抖音也沿袭了今日头条的算法推荐模型,即用户喜欢看哪类内容,系统就会推荐哪类内容。这种推荐机制既保证了视频的分发效率,又顾及了用户的观看体验。中视频创作者若想让自己的内容获得更多的推荐,就需要对抖音的推荐机制有所了解。

个性化推荐、人工智能图像识别技术是抖音的技术支撑,挑战赛、小道具和丰富多彩的 BGM(Background music,背景音乐) 则为用户提供了各种各样的玩法,让人既能刷到有趣的视频,又可以快速创作出自己的作品。

所以,在笔者看来,抖音的算法是极具魅力的,抖音的流量分配是去中心化的,它的算法可以让每一个有能力产出优质视频内容的人,都能得到跟“大 V”公平竞争的机会,使人人都能当明星成为可能。

例如,某抖音女网红就通过拍摄一系列的搞笑中视频而红遍了网络,她在某个视频中所塑造的一个名叫“楚楚 baby”的角色更是给大众留下了深刻的印象。当她的视频内容逐渐被大众熟知后,便获得了一些参演喜剧电影的机会,还在知名综艺节目《演员请就位》中获得了名导的赏识,可谓是星途一片璀璨。

这位女网红从不知名的视频创作者到演员的蜕变,还要得益于她所创作的视频内容优质,符合抖音的算法机制。由此可见,对于创作者来说,了解抖音算法机制,在一定程度上是可以给自己带来好处的。下面笔者就对抖音算法机制的 4 个好处作出详细分析,如图 2-5 所示。

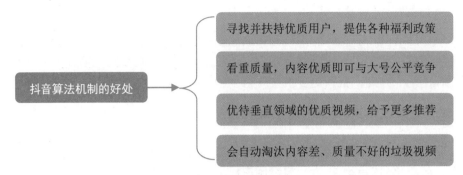

图 2-5　抖音算法机制的好处

　　了解了抖音算法机制的好处之后，中视频创作者还必须清楚抖音的推荐算法逻辑，具体内容如下。

　　(1) 智能分发：中视频创作者的抖音账号即使没有任何粉丝，发布的内容也能够获得部分流量。首次分发以附近和关注为主，并根据用户标签和内容标签进行智能分发。

　　(2) 叠加推荐：结合大数据和人工运营的双重算法机制，优质的中视频会自动获得内容加权，只要该中视频的转发量、评论量、点赞量和完播率等关键指标达到了一定的量级，就会依次获得相应的叠加推荐机会。

　　(3) 热度加权：当中视频创作者的账号内容获得大量粉丝关注，并经过一层又一层的热度加权后，就有可能进入上百万的大流量池。抖音算法机制中各项热度的权重依次为：转发量＞评论量＞点赞量，并会自动依据时间顺序"择新去旧"。

　　如果中视频创作者想在抖音平台上成功吸粉，首先就要了解抖音平台用户的爱好，知道这些用户喜欢什么样的内容，排斥什么内容。所以，当中视频创作者在抖音上发布作品后，抖音对作品会有一个审核过程，其目的就是筛选出优质内容，杜绝垃圾内容的展现。

　　抖音的推荐算法和百度等搜索引擎不同：搜索引擎推荐算法主要依靠外链和高权重等；而抖音则是采用循环排名算法，根据这个作品的热度进行排名，其公式如下。

热度 = 播放次数 + 喜欢次数 + 评论次数

　　那么，系统是怎么判断该中视频内容是否受大家的喜欢呢？具体来说，已知的规律有两条，内容如下。

　　(1) 用户观看视频内容时间的长短。

　　(2) 该视频的评论数量。

　　抖音给每一个作品都提供了一个流量池，无论是不是大号、作品质量如何，每个视频发布后的传播效果，都取决于作品在这个流量池里的表现。因此，中视频创作者要珍惜这个流量池，想办法让自己的作品在这个流量池中有突出的表现。

一般新拍的抖音中视频作品，获得的点赞量和评论量越多，用户观看时间越长，那么被系统推荐的次数也就越多，自然获得的曝光量就越高。基于已知的算法机制，下面笔者总结了 3 条经验，以帮助中视频创作者提升抖音号的价值。

(1) 想办法延长用户观看视频的时间。创作者可以美化中视频封面，设置一个留下悬念的开头，或者打造一个惊人的出场方式，这些都是有效延长用户观看时间的方法。

(2) 有效的评论区互动法。这个方法是大多数创作者较容易忽略的，视频底部优质的评论，是创作者了解用户对视频看法的最直接方式。

(3) 尽快建立自己的抖音社群或抖友社群。运营社群已经成为粉丝增长的有效方法之一，创作者建立社群的目的是增强普通用户之间的黏性，基于同一习惯或者是基于某一类人生观来聚合同一类行为的人群，提高粉丝留存率，然后再利用这部分用户去影响更多的用户，让受影响用户成为自己的粉丝。

2.2.2　抖音算法关键要素

中视频创作者除了要了解抖音的推荐机制之外，还需要对账号权重的关键要素有所了解。具体来说，账号权重主要包括如下 5 个关键要素。

1. 粉丝数

粉丝数是最直观的隐性账号权重，粉丝的数量和粉丝的增长速度，反映了账号被用户认可的程度。

2. 完播率

完播率是指创作者发布视频时，用户完全看完视频的概率。创作者通过分析视频的完播率，可以看到用户是在什么位置流失，有多少用户是全部看完视频的。完播率也是一个衡量短视频质量的指标，如果视频完播率比较低，就证明视频的内容对用户没有足够的吸引力。

3. 转发率、点赞率

与西瓜视频一样，抖音跟今日头条的推荐机制是一脉相承的，推荐系统会根据用户过往的使用习惯，精准地把新内容推送给用户。所以，那些优质的中视频内容，通常都会获得比较高的转发率和点赞率。

4. 活跃度

抖音的活跃度主要是指用户在线时长以及内容发布频次。如果中视频创作者不能保持高频次的更新，那么该抖音账号的活跃度就会很低，这意味着这位创作者将会错失获得更多流量的机会。

5. 评论量

通常评论视频内容的用户越多，说明该视频的内容质量越好，话题性越强，因为话题性越强的内容，越能激起用户发表看法的欲望。

2.2.3 抖音上热门的技巧

只要中视频创作者掌握了平台的一些规则，就能找到相应的运营技巧。创作者了解了抖音的推荐机制和相关算法之后，还需要对抖音上热门的原则有所了解，这是掌握上热门技巧的关键。下面笔者就根据自身经验，向大家介绍抖音上热门的一些基本原则，并详细解析上热门的 5 个技巧。

1. 抖音上热门的基本原则

对于想要上热门的中视频创作者，抖音官方做了一些基本要求，这是大家必须知道的基本原则，笔者将其总结为 4 点，具体内容如下。

1) 视频内容是原创

与很多视频平台一样，抖音对于原创内容是予以保护的。所以抖音上热门的第一个要求就是视频内容必须为个人原创。

2) 视频是完整的

在创作中视频时，创作者一定要保证视频的时长和内容的完整度，只有保证视频时长才能保证视频的基本可看性，内容演绎得完整才有机会上推荐。所以，为了保证发布的内容是完整的，中视频创作者需要通过前期策划，对拍摄的内容进行合理的规划，并选择相对完整的视频素材。

3) 视频没有水印

抖音中的视频不能带有其他 App 水印，否则系统会将该视频视为未经授权使用他人享有版权的内容，从而对其作出禁止播放的处理。

不仅如此，一些使用了不属于抖音的贴纸和特效的视频，也不符合上热门的要求。所以，中视频创作者在抖音平台上传视频的过程中，一定要先检查内容，如果发现有水印，就要利用相关软件去除水印之后再上传视频。

4) 内容吸引人

只有吸引人的内容，才能让人有观看、点赞和评论的欲望，中视频创作者要想让自己的视频上热门，那么视频作品质量就要足够好，视频清晰度也要足够高。

在抖音平台利用视频内容吸引粉丝是一个漫长的过程，所以中视频创作者要循序渐进地创作一些高质量的内容，学会维持和粉丝的亲密度，多学习一些比较火的中视频拍摄手法以及选材技巧。

2. 抖音上热门的 5 个技巧

了解了抖音上热门的一些基本原则之后，中视频创作者如何做才能让自己的作品被系统推荐并上热门呢？下面笔者总结出 5 个技巧。

1) 传递正能量

正能量指的是一种健康乐观、积极向上的动力和情感，是社会生活中积极向上的行为。创作者将正能量融合到中视频的内容中，有利于快速引起用户的共鸣。具体来说，创作者要将正能量融入中视频内容中，可以从 3 个方面入手。

(1) 发布好人好事内容。

好人好事包含的范围很广，它既可以是见义勇为，为他人伸张正义；也可以是拾金不昧，主动将财物交还给失主；还可以是看望孤寡老人、关爱弱势群体等，如图 2-6 所示。

图 2-6　发布好人好事内容

(2) 将文化与内容融合。

一般来说，与文化相结合的内容在抖音上都具有较强的号召力。例如，中视频创作者可以将音乐、书法、乐趣和武术等结合在中视频内容中。如果中视频创作者有文化内容方面的特长，还可以直接将自己的特长结合到中视频当中，让用户感受文化的魅力，如图 2-7 所示。

(3) 以努力拼搏为主题。

当用户看到视频中那些努力拼搏的身影时，内心往往会产生一种认同感。而在认同感的驱使下，用户一般会点赞该视频。因此，那些传达努力拼搏精神的视频，通常比较容易获得较高的点赞量。如图 2-8 所示，为抖音上一些热度较高的正能量内容。

图 2-7　将文化与内容融合

图 2-8　弘扬正能量的视频内容

2) 分享美好生活

生活中处处充满美好，缺少的只是发现美好的眼睛。一些生活中美好的片段，往往很容易触动用户的心。创作者可以在抖音平台上用心记录生活，向大家分享自己的生活日常，如图 2-9 所示。

图 2-9　分享美好生活的视频内容

3) 融入个人创意

在抖音平台上，有创意的中视频内容从不缺少粉丝的点赞和喜爱。例如，某抖音创作者分享了一个把一块木头变成艺术品的视频，就吸引了一百九十多万的点赞量，如图 2-10 所示。

图 2-10　融入个人创意的视频内容

除了展示各种有创意的技艺之外，抖音创作者还可以通过一些奇思妙想，利用镜头分享一些生活中的小妙招，如图 2-11 所示。

图 2-11　分享生活小妙招的视频内容

4) 多用反转技巧

出人意料的反转，往往能让用户眼前一亮。所以创作者在拍摄视频时，要学会打破常规惯性思维，使用户看视频的开头时猜不透结局。这样用户看到视频的结尾时，便会豁然开朗，忍不住为其点赞。例如，某抖音视频中，一男一女正在相亲，两人都告诉对方自己是开车过来的，没想到相亲结束之后，他们却在汽车租赁店碰见了。也就是说，视频中两人所开的车，其实都是租的，如图 2-12 所示。

图 2-12　相亲的反转视频

5) 紧跟热门话题

在抖音平台上，中视频创作者要想让一条中视频火起来，除"天时""地利""人和"以外，还需要视频内容有足够吸引人的全新创意，让内容足够丰富。而创作者要做到这一点，比较简单的方法就是紧抓官方热点话题，这里不仅有丰富的内容形式，而且还有大量的新创意玩法。

抖音上每天都会更新热点榜，创作者在发布中视频的时候，可以在视频的标题中添加一个或多个热门话题。如果视频的内容质量很高，就有被推荐到首页的机会，从而让视频的曝光率更高，引来更多用户的点赞与关注。

2.2.4　抖音运营注意事项

创作者想要通过发布中视频来获得收益，不仅要懂内容，还要懂得一些基本的运营知识。因为大多数中视频创作者在发展初期，没有充足的预算配备完善的运营团队，也没有丰富的运营经验，所以导致一些中视频创作者在运营抖音账号时，一不小心就会陷入运营的误区，抓不住工作重点。下面笔者给大家介绍 6 个常见的抖音运营误区。

1. 过度注重后台

很多中视频创作者刚开始在抖音做中视频时，都会过度把精力放在后台的使用上。他们往往只注重后台的操作，发布了中视频之后，也不会去每个渠道看，这样的做法是非常不对的。因为每个渠道的产品逻辑都不同，如果不注重前台的使用，就无法真正了解每个渠道的用户行为。

2. 不与用户互动

一般来说，在视频评论区发表评论的用户，都是渠道中相对活跃的用户，有效的互动有利于吸引用户的关注，而且渠道方也希望中视频创作者可以带动平台的用户活跃起来。当然，中视频创作者不用每一条评论都去回复，可以筛选一些有想法、有意思或者有价值的评论来回复和互动。

3. 运营渠道单一

建议中视频创作者要进行多渠道运营，因为多渠道运营不仅会帮助你发现更多上热门的机会，还有可能会让你的视频在不经意间成为爆款，从而给你制造其他的一些小惊喜。

4. 硬蹭热点热度

追热点其实是值得推荐的，但是要把握好度，内容上不能超出自己的领域，如果热点与自己的领域和创作风格不统一，就会影响内容的垂直性。

这一点可以在抖音上得到验证。往往一个抖音视频火了之后，创作者很难长期留住带来的粉丝。因为很多创作者更多的只是去抄袭而不是原创，这样很难持续产出风格统一的作品，所以就算偶然间产出了一两个爆款视频，也无法黏住粉丝。

5. 不做数据分析

数据可以暴露一些纯粹的问题，比如账号在所有渠道的整体播放量下滑，那么很有可能是哪里出了问题。不管是主观原因还是客观原因，我们都要第一时间排查，如果只是某个渠道突然下滑，那么就要看是不是这个渠道的政策有了调整。

不仅如此，数据分析还可以帮助我们找到正确的运营策略，比如分析受众的活跃时间点、竞争对手的活跃时间点等。

6. 内容与目标不相关

中视频创作者在运营抖音的过程中一定要明确自己的目标，拍摄的视频一定要为目标服务，视频内容一定要与目标具有相关性。对于中视频创作者来说，运营抖音的直接目的就是通过视频营销增加商品的销量，或者帮助品牌提高曝光度，从而赚到更多的钱。基于这一点，中视频创作者在打造视频内容时，应该将营销作为重点，让视频内容和产品或品牌具有关联性，否则将很难达到预期的营销效果。

第 3 章

了解平台机制精准运营

B站是国内中视频平台的佼佼者，而快手是能跟抖音平分半壁江山的流量池，视频号则是新兴起的黑马，这3个平台都有一个共同的特点，那就是流量都比较精准。本章笔者将带领大家认识这3个平台，帮助视频创作者入局中视频领域做准备。

3.1　成为 B 站创作者

　　B 站 (bilibili) 是国内中视频平台的佼佼者，自然是创作者首选入驻的平台。与西瓜视频、抖音相比，B 站移动客户端和网页端的功能更多，同时操作难度也更大。下面笔者将简单梳理 B 站移动客户端的功能，帮助新人中视频创作者了解 B 站的一些基本功能和推荐规则。

3.1.1　注册会员

　　B 站账号登录操作比较简单，下面笔者将具体演示 B 站的登录操作步骤。

　　步骤 ⑴　中视频创作者打开 B 站移动客户端，进入"我的"页面后，点击左上角的头像，如图 3-1 所示。

　　步骤 ⑵　操作完成后，"我的"页面会弹出登录弹窗，点击"本机号码一键登录"按钮，即可快速完成注册和登录操作，如图 3-2 所示。

图 3-1　"我的"页面　　　　图 3-2　点击"本机号码一键登录"按钮

　　步骤 ⑶　如果中视频创作者在登录弹窗页面点击的是"其他方式登录"按钮，手机会自动跳转至"手机号登录注册"页面，如图 3-3 所示。

　　步骤 ⑷　在"手机号登录注册"页面，输入手机号；点击"获取验证码"按钮；当手机收到验证码之后，输入验证码；点击"验证登录"按钮，即可完成登录操作，如图 3-4 所示。

　　步骤 ⑸　登录成功后，在"我的"页面依次点击"设置"|"安全隐私"|"账号安全中心"|"设置密码"选项，进入"账号安全"页面。

　　步骤 ⑹　在"账号安全"页面，点击"获取验证码"按钮；手机收到验证码后，便在输入框中输入已获取的验证码；点击"下一步"按钮，如图 3-5 所示。

步骤 **07** 完成操作后，跳转至新的"账号安全"页面，按要求填写新密码；点击"下一步"按钮，完成验证，重新登录即可完成注册登录操作，如图 3-6 所示。

图 3-3　"手机号登录注册"页面

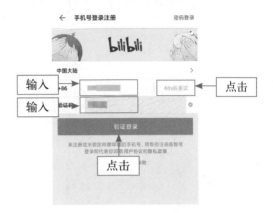

图 3-4　点击"验证登录"按钮

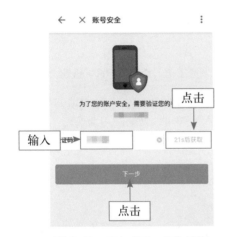

图 3-5　点击"下一步"按钮

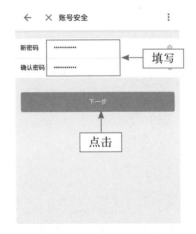

图 3-6　点击"下一步"按钮

3.1.2　身份认证

中视频创作者成为新人 UP 主（英文全称为 uploader，指的是 B 站内容上传者）后可以选择身份认证，下面是身份认证的具体申请步骤。

步骤 **01** 打开 B 站手机客户端，进入"我的"页面。在该页面依次点击"设置"|"账号资料"|"哔哩哔哩认证"选项，进入"哔哩哔哩认证"页面。

步骤 **02** 在"哔哩哔哩认证"页面，点击"个人认证"栏目下的"身份认证"

卡片，如图 3-7 所示。

步骤 03 执行操作后，跳转至新的"哔哩哔哩认证"页面。当中视频创作者满足"站外粉丝≥50w""绑定手机用户"和"提交实名认证"3个条件时，即可点击下方的"申请"按钮，如图 3-8 所示。

图 3-7　点击"身份认证"卡片　　　**图 3-8　点击"申请"按钮**

步骤 04 跳转至资料填写页面后，创作者按照 B 站官方要求如实填写信息，点击下方的"提交申请"按钮，耐心等待审核通知即可，如图 3-9 所示。

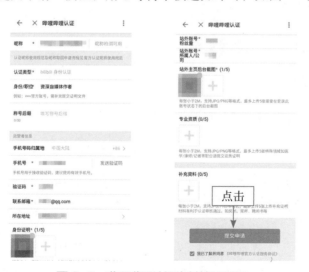

图 3-9　哔哩哔哩认证资料填写页面

3.1.3　了解平台功能

　　B 站为了让 UP 主详细了解平台功能，提高 UP 主的视频制作水平，特意推出了"创作学院"这一板块。在"创作学院"中，UP 主能找到很多优秀的教程，其中不乏推荐课程、声音处理、画面修改、视频合成和视频剪辑等技能教程，这些课程可以帮助 UP 主快速了解 B 站的功能，为 UP 主在 B 站发布中视频打下坚实的基础。

　　"创作学院"板块位于 B 站移动客户端的"创作中心"栏目中，是 B 站的创作者教程平台，中视频创作者作为 B 站的新人 UP 主，可以在"创作学院"中多观看一些教程，从而快速了解平台功能。下面笔者将具体介绍进入"创作学院"的步骤。

　　步骤 ⑪ 打开 B 站移动客户端，进入"我的"页面，点击"创作学院"按钮，如图 3-10 所示。

　　步骤 ⑫ 执行操作后，跳转至"创作学院"页面，我们可以看到在该页面有推荐、取材创意、视频制作和个人运营等栏目，如图 3-11 所示。UP 主在这些栏目内能够观看很多优秀的教程。

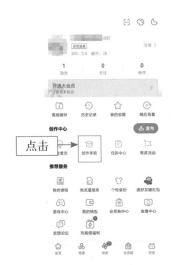

图 3-10　点击"创作学院"按钮

图 3-11　"创作学院"页面

　　当 UP 主通过"创作学院"了解了 B 站的基本功能，并且已经发布了一些稿件时，就可以在"创作日历"页面查看稿件的发布情况了。下面笔者就具体讲解在移动客户端查看创作日历的操作步骤。

　　步骤 ⑪ 打开 B 站移动客户端，依次点击"我的"|"创作首页"按钮。

　　步骤 ⑫ 进入"创作中心"页面，点击"更多功能"按钮，如图 3-12 所示。

步骤 ⑬ 进入"更多功能"页面，点击"创作日历"按钮，如图 3-13 所示。

图 3-12 点击"更多功能"按钮 　　　图 3-13 点击"创作日历"按钮

步骤 ⑭ 进入"创作日历"页面，点击 ⌄ 按钮，如图 3-14 所示。

步骤 ⑮ 执行操作后，日历列表会自动展开，UP 主点击其中一个 ☰ 按钮，即可查看自己"创作纪念日"的创作详情，如图 3-15 所示。

图 3-14 点击 ⌄ 按钮 　　　　图 3-15 点击 ☰ 按钮

3.1.4 分区投稿规则

B 站按照内容将网站分为很多个区，每个区对应一种视频类型，且都有不同的创作规则，这是新人 UP 主必须了解的。下面笔者就分别对这些区作出详细介绍。

1. 游戏区

　　游戏区支持投稿的内容有单机游戏视频、网络游戏视频、电子竞技视频、手机游戏视频、桌游棋牌视频、MUGEN(MUGEN 是一款由美国的 Elecbyte 小组使用 C 语言与 Allegro 程序库开发的免费的 2D 格斗游戏引擎) 游戏视频和 GMV 视频 (由游戏素材制作的 MV 视频) 等。其区内投稿的相关要求如下。

　　(1) 禁止出现利用外挂或漏洞进行游戏的内容。

　　(2) 禁止公布游戏外挂、漏洞和修改教程。

　　(3) 禁止出现网游私服宣传信息。

　　(4) 禁止在他人的 GMV 视频上进行第 3 次剪辑。

　　中视频创作者打开游戏区即可看到，B 站根据投稿内容将游戏区细分成了推荐、单机游戏、电子竞技、手机游戏、网络游戏、桌游棋牌、GMV、音游和 MUGEN 等栏目，如图 3-16 所示。

图 3-16　游戏区

2. 音乐区

　　音乐区可以分为推荐、原创音乐、翻唱、电音、VOCALOID·UTAU(以 VOCALOID 和 UTAU 引擎为基础，以各类音源为素材进行音乐歌曲类创作的视频)、演奏、MV、音乐现场和音乐综合等栏目。

3. 娱乐区

娱乐区可以分为推荐、综艺和明星 3 个栏目，如图 3-17 所示。中视频创作者在该分区投稿时，如果稿件内容属于综艺类型，那么需要在标题中注明节目名称；如果中视频创作者投稿的内容属于明星动态，那么需要在标题中注明明星名字。

图 3-17　娱乐区

4. 动画区

B 站将动画区分为推荐、MAD·AMV(具有一定制作程度的动画二次创作)、MMD·3D(使用 MikuMikuDance 等软件制作的视频)、短片·手书·配音、特摄 (以特摄片为素材进行二次创作的视频)、手办·模玩和综合等栏目。

5. 影视区

影视区可以分为推荐、影视杂谈 (对影视剧导演、演员、剧情、票房等方面进行解读和分析，包括但不限于影视评论、影视解说、影视吐槽、影视科普、影视配音等)、影视剪辑 (基于影视剧素材进行二次创作)、短片 (具有一定故事的短片或微电影) 和预告·资讯 (与影视剧预告片相关的视频) 等栏目，如图 3-18 所示。

如果中视频创作者想要在影视分区投稿，就先要了解一下影视分区的投稿要求，其具体内容如下。

(1) 封面图片不能出现强烈性暗示的身体特写或血腥恐怖画面。

(2) 不得使用低俗和过于夸大的视频标题。

(3) 不得恶意使用与视频内容无关的标题或封面，或利用过于容易令人引起不适，以及存在严重误导或诱导的图文作为封面和标题。

（4）如果中视频创作者的视频是搬运视频，必须注明原作者和转载地址。

（5）禁止在影视区倒卖盗版视频资源。

图3-18 影视区

6. 生活区

生活区主要可以分为推荐、搞笑、日常、动物圈、手工、绘画、运动、汽车和其他等栏目，如图3-19所示。许多UP主都很喜欢在生活区"淘金"，因为生活区的内容更多样化，所以UP主在该区投稿更容易接到品牌的商业推广。

图3-19 生活区

如果中视频创作者想要在生活区的绘画栏目投稿内容，需要注意以下5个问题。

(1) 在该区投稿的绘画类型可以包括原创、同人和二次创作等。

(2) 如果 UP 主所上传的绘画作品是临摹作品，那么 UP 主需要在标题上注明"临摹"二字。

(3) 严禁 UP 主将盗图标明自制。

(4) 本区不接受非绘图类作品 (如摄影作品、游戏视频等)。

(5) 二次创作的绘画作品 B 站官方建议标明原作者和出处。

7. 数码区

数码区发布的内容以数码产品为主，可以分为推荐、手机平板、电脑装机、摄影摄像和影音智能等栏目，如图 3-20 所示。

图 3-20　数码区

8. 知识区

知识区是 B 站新增的一个区，它主要分为推荐、科学科普、社科人文、财经、校园学习、职业职场和野生技术协会 (技术展示或技能教学视频) 等栏目，如图 3-21 所示。

9. 鬼畜区

"鬼畜视频"指的是以音频调教创作为主体的二次创作视频。除鬼畜剧外，它要求视频的素材创作和背景音乐有节奏同步。

鬼畜区是 B 站最古老的一个内容区，它根据鬼畜作品内容可以分为推荐、鬼畜调教 (使用素材在音频、画面上做一定处理，实现与背景音乐同步)、音 MAD(使用素材音频进行一定的二次创作来达到还原原曲的非商业性质稿件)、人力 VOCALOID(将人物或者角色的无伴奏素材进行人工调音)、鬼畜剧场和教程演示（和鬼畜视频制作教程及演示相关的视频）等栏目，如图 3-22 所示。

图 3-21　知识区

图 3-22　鬼畜区

中视频创作者在鬼畜区投稿时，需要注意以下问题。

(1) 以哔哩哔哩弹幕网作为运营爆破素材的视频，暂不予通过。至于 B 站以后是否会改变此规则，UP 主们可以密切关注 B 站官方动态。

(2) 对素材中的人物进行恶意诋毁和过分侮辱的视频，暂不予通过。至于 B 站以后是否会改变此规则，UP 主们可以密切关注 B 站官方动态。

(3) UP 主使用他人音源与任意影像进行合成的视频，原创成分太低，不能算自制视频。

(4) 转载自国外网站的鬼畜视频，UP 主必须填写正确的视频源地址。

(5) 转载自国内网站的鬼畜视频，UP 主必须提供视频原标题、原作者与正确的视频链接。

(6) 非鬼畜区作品 UP 主应该投往正确的内容区。

10. 国创区

国创区主要可以分为推荐、国产动画、国产原创相关（包含以国产动画、漫画、小说为素材的相关二次创作内容）、布袋戏、动态漫·广播剧（包含国产动态漫画、有声漫画、广播剧）和资讯（包含国产动画和漫画资讯、采访、现场活动的视频）等栏目，如图 3-23 所示。

图 3-23　国创区

在国创区内投稿时，中视频创作者要注意视频的封面不能涉及成人向的素材，如果是二次创作，作品简介则要注明 BGM 和使用素材。一些没有完整剧情的毕业作品，都不属于国创分区内容，UP 主要根据内容投稿到其他分区。

11. 时尚区

时尚区根据内容可分为推荐、美妆、服饰、健身、T 台（时尚品牌发布会秀场、后台花絮、模特混剪、采访及模特拍摄的时尚广告大片等相关内容）和风尚标（时尚品牌媒体发布会现场、时尚购物相关及知识科普等内容）等栏目，如图 3-24 所示。

图 3-24　时尚区

3.1.5　B 站推荐规则

一个投稿视频如果能上到 B 站的首页推荐，也就代表着该视频能拥有更多的流量和曝光。如果视频内容比较优质，还能快速为自己的 B 站账号积累到粉丝。但是中视频创作者要想让自己的视频上到 B 站的首页推荐，该视频应该满足哪些条件呢？下面我们将通过数据进行具体分析，如图 3-25 所示。

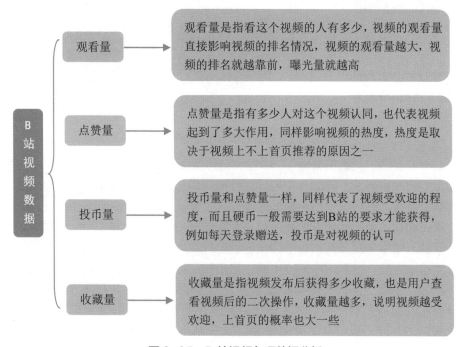

图 3-25　B 站视频各项数据分析

用户对视频内容的点赞、投币和收藏等操作，既反映了用户的个人偏好，也反映了该视频的创作质量，这些都是影响视频是否会上首页推荐的因素。图3-26所示，为B站推荐页面的视频内容，我们可以观察到，这些视频的点赞量或投币量都很高。

图 3-26　B 站推荐页面的部分热门视频

除此之外，B站用户在视频浏览过程中的播放时长占比，也会成为B站"大数据算法"对视频进行质量判断的标准之一，具体分析如图3-27所示。

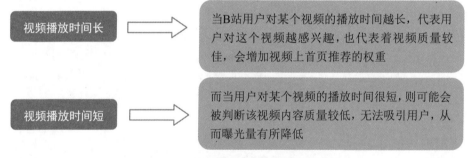

图 3-27　播放时长占比对视频的影响

面对B站的"大数据算法"，中视频创作者需要给予重视，并采取一些技巧，优化视频的数据情况。例如，中视频创作者可以在视频的开头先概括一下视频内容的精彩片段，进而吸引用户继续观看视频，延长用户观看的时长。

不仅如此，中视频创作者还可以在视频结尾发出诱导性的疑问，引发用户的评论互动。如果中视频创作者觉得自己这期视频内容创作得还算优秀，可以主动在视频结尾提及，提醒用户进行点赞、投币和收藏，如图3-28所示。

总之，中视频创作者需要有以不变应万变的心态去创作视频，积极主动地提升自己的视频质量。当你的视频质量越来越优秀，视频内容能牢牢抓住B站用户眼球的时候，视频自然而然就会受到B站用户的喜爱，轻轻松松上到首页推荐。

图 3-28 B 站某中视频创作者引导用户点赞

3.2 成为快手创作者

中视频创作者入驻快手前，首先要对平台的算法机制有所了解，再根据账号的定位来制作中视频内容，并想办法提升用户黏性，这样才能获得更多上热门的机会。本小节笔者就结合自身经验，向大家分享一些运营快手中视频账号的技巧。

3.2.1 了解快手算法机制

同为视频应用，快手和抖音的定位完全不一样。抖音的红火靠的就是马太效应——强者恒强，弱者愈弱。也就是说，抖音靠的是流量为王，而快手则是一个能让用户获得平等推荐机会的平台。当然，正是因为这个核心逻辑，快手才会受到那些在现实生活中失去话语权的底层民众的青睐。下面笔者就向大家介绍一下快手的算法机制。

1. 算法规则

快手平台的内容主力军是视频，那么快手系统是如何识别视频的呢？我们又该如何根据算法规则，制定更容易被系统检测到的视频内容呢？

事实上，系统是无法通过一次识别就判断视频的题材以及受欢迎程度的。因此，当创作者把一条视频上传到快手时，系统会先抓取视频内容中的一些特征，如主体、表情、场景和声音等来提取信息。然后根据这些信息做出初步判断，再投放到用户池中做灰度测试，从而进行不断的验证。

因此，中视频创作者要想让自己发布的中视频内容受平台喜爱，可以在特征上下功夫。例如，一些分享美食教程的视频，其标题一般都会添加美食教程、美食等内容特征，以帮助机器快速识别并推送给精准的目标用户，如图 3-29 所示。

图 3-29　在视频标题中添加内容特征

2. 用户算法

当我们刚开始入驻平台时，算法和我们还是"陌生人"的关系，所以我们要做的就是与算法发展成为"朋友"。那么，我们要如何让算法成为我们的"朋友"，熟悉我们呢？一般来说，如果我们是带有大量标签的用户，系统就可以总结出我们的特征，从而更好地了解我们。不过，我们在让自己变成带有大量标签的用户之前，要对用户的 3 大特征有所了解，具体内容如下。

(1) 长期特征：是指用户的出生年月、IP 地址和性别等固定的特征。

(2) 中期特征：主要是指用户的兴趣爱好。

(3) 短期特征：可以是用户近期的需求或对某个热点事件的追求。

对于算法来说，若识别这些用户特征，只有记录用户大量的使用行为，才能形成用户大致的画像。针对这一点，中视频创作者需要做好两方面的工作。

一方面，中视频创作者需要完善个人资料，通过完善注册资料、手机机型、地理位置和周边用户等情况，为自己打上标签。另一方面，中视频创作者要精准自己的使用行为，搜索与账号领域相关的内容，点赞、评论，并观看完整的视频内容，通过这些显性行为为自己增加标签。

3. 社交算法

在我们的快手账号已经发布了一些作品，并与其他用户进行了一段时间的互动之后，账号的权重便会有所提升。那么，账号的权重还和哪些因素有紧密联系呢？下面笔者总结出两点。

1) 日常行为

若我们的账号经常发布违规言论，进行违规操作，则会被系统降权。

2) 与其他用户的互动数据

互动数据包括点击数、评论量、转发数和关注量，系统会根据这些数据判定该账号是否已经达到阈值，如果达到阈值，视频作品就可以获得更多流量推荐。

因此，中视频创作者要想增加账号的权重，重要的是增加与其他用户的互动。首先，我们要进行目标用户群定位，开展差异化竞争，并思考我们的目标用户是谁，目标用户的需求核心是什么；竞争对手最薄弱的地方是哪里；自己较大的优势是什么。

其次，互粉数据中有一项"真实粉丝互动"极为重要，真实粉丝是指相互关注、相互互动的账号，真实粉丝数对于我们健康养号也极为关键。对此，我们在发布作品后，可以让互粉的账号评论点赞，粉丝越真实，效果越好。

此外，我们也要注重与人之间的互动，在评论区积极回复粉丝的留言，还可以开通自己的直播，为自己的账号固粉，或者关注一些粉丝几十万或者上百万的竞品账号，多在这些竞品账号的评论区发布评论，每天花费十分钟观看一些热门主播直播，随机打赏一些与自己中视频内容领域相关的热门博主。

3.2.2 根据账号定位准备内容

只有受到目标用户欢迎的视频，才有可能成为热门视频。基于这一点，中视频创作者可以根据目标用户有针对性地准备视频内容。

例如，你是游戏领域的中视频创作者，就可以发布一些游戏解说的视频内容，或者科普一些与游戏有关的小知识。图 3-30 所示，为快手游戏领域的某中视频创作者的主页及其视频内容。

图 3-30   快手某游戏创作者的主页及其视频内容

3.2.3 利用生活场景连接用户

快手的定位是典型的社区模式，它强调用户与用户之间的关系互动，注重普通人的记录与分享，所以中视频创作者要注意与用户保持持续的连接关系。

而向用户展示生活场景便是连接快手用户的一种有效途径，这是因为快手平台的定位更加生活化，大多数快手用户的喜好也比较接地气，所以中视频创作者可以向这些用户展示一些日常的生活场景，增加互动。

一般来说，用户在看到视频中的生活场景之后，会从中查找与自身生活的异同。如果某个中视频创作者平时很少展示自己的生活场景，某天却突然分享了自己的生活日常，就会觉得非常有新鲜感。

例如，某游戏创作者在快手平台通过发布一些游戏视频吸引了很多粉丝，一般来说，该创作者所发布的视频都是与游戏有关的。他的粉丝对此也已经习以为常了。但是，当他发布了一个分享生活场景的视频时，该视频很快就获得了很高的播放量。

3.2.4 选择合适的发布时间

中视频创作者要想做好快手营销，就要合理地抓住用户刷快手的时间。只有这样才能让视频第一时间被更多快手用户看到。以下为发布快手视频的最佳时间。

1. 7:00 ～ 9:00

7:00 ～ 9:00，正是快手用户起床、吃早餐的时间，或者是正在上班的路上。这个时候大家都喜欢拿起手机刷刷快手之类的视频软件。而这个时候，又是一天活动开始的时间，作为中视频创作者，应该敏锐地抓住这个黄金时间，发一些关于正能量的视频或说说，给快手"老铁"传递正能量，让大家一天的好精神从阳光心态开始，这最容易让大家记住你。

2. 12:30 ～ 13:30

12:30 ～ 13:30，正是大家吃午饭、休闲的时间，上午上了半天班，有些辛苦，这个时候大家都想看一些放松、搞笑、具有趣味性的内容，为枯燥的工作时间添加几许生活色彩。

3. 17:30 ～ 18:30

17:30 ～ 18:30，正是大家下班的高峰期，这个时候大家也正在车上、回家的路上。此时刷手机的快手"老铁"们也特别多，许多人工作了一天的疲惫心情需要通过手机来排减压力，此时中视频创作者可以好好抓住这个时间段，发布一些与自己产品相关的内容，或者发一些引流的视频。

4．20:30 ～ 22:30

20:30 ～ 22:30，这个时候大家都吃完饭了，有的躺在沙发上看电视，有的躺在床上休息。此时，大家的心情是比较恬静的，睡前刷快手视频可能已经成了某些年轻人的生活习惯。所以，这个时候选择发一些有关情感方面的内容，最容易打动快手用户。

3.3　成为社交圈达人

作为微信的一个重要功能，微信视频号一经推出就吸引了许多人的关注。然而这其中有一部分人只知道微信视频号是微信新增的一个入口，却不清楚微信视频号究竟是什么。因此，本小节笔者就从零开始带大家了解微信视频号。

3.3.1　视频号的基本定义

微信创始人张小龙曾经指出："不能要求每个人都能天天写文章，相对公众号而言，我们缺少了一个人人可以创作的载体。"根据张小龙所说的内容，我们可以给视频号这样做定义，即视频号是平行于公众号和个人微信号的内容平台，也可以说是一个人人可以记录和创作的平台。

在视频号上，中视频创作者可以通过视频或者图片的形式，与平台上其他的视频号用户分享自己的生活。在视频号上，中视频创作者可以看到完整的视频页面，其中包括账号名称、视频内容、标题、外接链接、定位、评论和点赞数。

视频号的入口就在微信"发现"页面的朋友圈入口的下一个位置。目前看来，视频号是独立创建的，也就是说，视频号的粉丝与朋友圈的好友、公众号的粉丝是不相通的，须单独运营。在视频号中，中视频创作者可以看到所有朋友的评论和点赞数，包括微信好友的点赞数。

视频号注册需要绑定个人的微信号，其微信号会成为该视频号内容的唯一发布口，而且视频号与微信一样，暂时不支持在两个或多个移动终端使用。值得注意的一点是，目前一旦创作者微信号绑定成功就无法更改。视频号的页面和抖音、快手等视频平台不同，更像是朋友圈的视频版。

3.3.2　视频号的功能特点

下面笔者就聊聊关于视频号的功能特点，帮助中视频创作者更深入地了解视频号，方便以后进行精准定位和精细化运营。

1．顶部功能

进入微信视频号后，最受瞩目的莫过于顶部的 3 个功能：关注、朋友和推荐。

其中，"朋友"页面显示的视频是基于微信好友数据统计的，不仅会显示好友发布的视频，连好友点赞过的视频也会一起显示。图 3-31 所示，为微信好友点赞过的视频。

图 3-31　视频号中微信好友点赞过的视频

2. 发布功能

中视频创作者在微信视频号平台上可以发布 1 分钟以上的视频或者 9 张以内的图片，所发布的内容可以直接调用系统相机进行拍摄，也可以从相册里面选择。不过，中视频创作者需要注意的是，视频时长不能低于 3 秒。图 3-32 所示，为微信视频号内的视频与图片内容。

图 3-32　视频号中的视频与图片内容

视频号上面图片的显示方式和朋友圈的九宫格不同，用户只能在图片自动滑动时才能查看全部图片内容。而且用户不能点击放大，也不能保存这些图片，如果图片中有二维码，用户也不能长按识别。

3. 视频自动播放

创作者在进入微信视频号的主页面之后，刷到的视频内容都是自动循环播放的，可以暂停，视频播完之后会自动重播，不会跳到下一个视频。

4. 视频号的标题

视频号的标题起着辅助表达的作用，不过微信视频号的文字介绍部分只可以显示两行字，其余的会被折叠，用户需要点击"全文"按钮才可以看到全部的内容。

5. 点赞、评论和转发

视频有两种点赞方式，用户既可以双击视频，也可以点击下方的点赞按钮进行点赞。如果用户不想让自己点赞的视频被微信好友看到，还可以进行私密点赞。评论及转发功能的操作方式与抖音、快手基本一致。

3.3.3 视频号的账号类型

目前，视频号的发展还不够成熟，其账号类型和内容形式也还不多。笔者这里收集了几种目前在视频号上出现比较多的账号类型及内容形式，希望可以帮助视频号的中视频创作者厘清思路。就目前来说，视频号的主要账号类型有这样几种：个人号、营销号和官方号。

1. 个人号：网红、个人 IP

微信推出视频号是为了弥补短内容方面的缺失，降低创作的门槛，打造一个人人都可以创作的平台。虽然朋友圈也可以发视频动态，但是它有人数上的限制，即最多不能超过 5000 人，而且朋友圈定位是熟人互动，属于私密社区，并不能充分满足个人自我表达和获取名利的欲望。

相对于抖音、快手而言，视频号互动性更强，所以高质量的原创内容在视频号将会有更强的传播力。在内容为王的时代，如果中视频创作者想要运营个人视频号来吸粉，就要找准自身的定位，创作出优质的作品，这才是获得关注、创造收益最直接的手段。

2. 营销号：个体工商户、企业

营销号主要包括个体工商户、企业等注册并认证的视频号，它主要通过打造爆款内容来吸引粉丝流量，最终达到卖产品或服务的目的。如果中视频创作者运营的是企业视频号，首先要找准自己的目标客户群体，然后根据其用户属性创作垂直领域的视频内容，并且持续输出高质量的内容，激发客户购买的欲望。图 3-33 所示，为营销号的主页面。

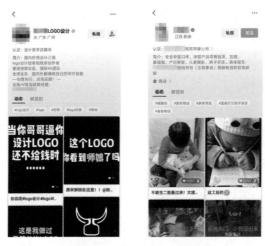

图 3-33　营销号的主页面

3. 官方号：品牌

官方号以品牌号为主，它为品牌输出口碑、扩大品牌曝光度以及提高产品转化率提供了平台。中视频创作者如果运营的是官方号，那么在输出内容时，要尽量与当下的热点相结合，从而争取更多的流量，达到更好的宣传效果。

3.3.4　做好运营准备

为什么中视频创作者要做好视频号定位呢？笔者认为主要有 3 个理由，具体内容如下。

(1) 中视频创作者通过定位可以找准运营方向，确定自身的目标。

(2) 中视频创作者做好定位之后，可以为今后的内容策划提供方向。

(3) 中视频创作者做定位的过程也是自我审视的过程，定位做好之后，创作者自身的优势也就凸显出来了。

1. 找准账号方向

做账号定位是中视频创作者找准微信视频号运营方向和确定运营目标的一种有效方式。一旦账号定位确定了，运营方向和目标也将随之确定下来。笔者纵观视频号平台上的各类账号，发现它们基本都是在确定账号定位的基础上，再找准运营方向的。下面笔者分享几个定位账号方向的技巧。

(1) 从事某个热门专业的创作者，可以将自己的账号定位为专业知识分享类账号。例如，一些中视频创作者在现实生活中的职业是摄影师，就可以将账号定位为科普摄影知识的账号，如图 3-34 所示。

图 3-34 根据职业做账号定位

(2) 如果创作者有某方面的兴趣爱好，并且视频号平台上有众多同样兴趣爱好的用户，中视频创作者就可以将账号定位为兴趣爱好内容展示类账号。

例如，一些喜欢玩游戏且某些游戏又玩得比较好的创作者，便可以将账号定位为某个游戏的内容展示类账号，在账号中向用户展示游戏内容或者分享游戏操作技巧，如图 3-35 所示。一些喜欢宠物的创作者，还可以将账号定位为萌宠展示类账号，为用户展示萌宠可爱的一面，如图 3-36 所示。

图 3-35 游戏内容展示类账号　　图 3-36 萌宠内容展示类账号

(3) 某方面的知识比较丰富的中视频创作者，也可以将账号定位为知识技巧分享类账号。例如，PS 处理经验比较丰富的创作者，可以将账号定位为 PS 技巧分享类账号，为用户持续分享 PS 处理方面的技巧，如图 3-37 所示。

图 3-37　PS 技巧分享类账号定位

2. 策划内容

视频号账号定位本身就是确定视频号的运营方向。而账号定位确定之后，中视频创作者便可以围绕账号定位进行内容策划和人设打造，快速树立起账号的标签了。

只要中视频创作者的账号定位明确，那么视频号的内容策划方向自然也就随之变得清晰。例如，某视频号在账号认证中，已经把该账号定位为摄影类账号，那么所分享的内容自然是与摄影有关的内容了，如图 3-38 所示。

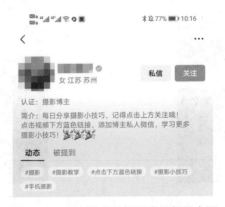

图 3-38　某创作者的摄影类视频号主页

3. 凸显优势

在笔者看来，中视频创作者做账号定位的过程，就是自我审视的过程，甚至是一个自我升华的过程。

在自我审视的过程中，中视频创作者便可以看到自身的优势。如果视频号中视频创作者可以参照自身优势进行账号定位，那么在账号运营的过程中，他自身的优势便能凸显出来，同时账号运营也会更加得心应手。

当然，在进行自我审视的过程中，中视频创作者可能会发现自身的多个优势。但是，如果创作者将这些优势都体现在一个视频号中，那么该视频号所包含的内容可能会过于庞杂，账号定位就很难做到精准。在这种情况下，中视频创作者需要做的就是选择其中相对突出的一个优势，进行账号定位。

3.3.5　了解推荐机制

中视频创作者想要自己发布的内容得到更多的推荐，就需要弄清楚视频号平台的推荐规则，这样才能条理清楚地运营视频号。

1. 社交推荐

视频号与抖音不同的一点是，视频号的社交性强，所以它的推荐机制是基于流量池，以社交关系链为核心，具体如下。

(1) 优先推荐已经关注的视频号发布的新内容。

(2) 更多地推荐微信好友发布的视频号内容，但是你并不知道是哪位好友发布的内容。

(3) 多位微信好友看过的视频，尤其是点赞过的视频更容易被推荐。

(4) 同城 5 公里以内的视频号用户发布的内容会被推荐。

当用户在视频号的搜索入口搜索目标账号时，视频号平台会优先推荐有其他好友关注的相关视频号，可以说视频号是非常注重朋友之间的推荐的。所以，中视频创作者应该加强与好友和粉丝之间的互动，以获得更多的曝光机会。

2. 个性推荐

视频号的推荐除了会参考社交关系外，还会重复推荐优质的视频号内容。目前来看，影响视频号推荐的权重有 6 个维度，即作品原创度、内容发布频率、内容垂直度、点赞量、评论量和完播率。

视频号更注重原创，优质的原创内容会得到更多的推荐，但是如果视频号出现违规情况，该视频号就会被降权，曝光的机会大大减少，中视频创作者需要特别注意规避违规。因此，中视频创作者在创作作品的时候，不论是整体的构思，还是后期的处理，都需要花费一些心思和时间。一般可以在视频中制造些争议，或者设计反转剧情来吸引用户评论，提高用户的活跃度以获得更多的互动量，并延长用户停留的时间来提高视频的完播率。

当然，中视频创作者要想获得更多推荐，还需要持续地输出优质作品，吸引用户关注你的视频号，成为你的粉丝，只有这样才能保证内容的基础曝光量，然后获得平台更多的推荐。

第 4 章

掌握技巧赢在起点

中视频创作者想要生产出优质的中视频内容，必须掌握一定的拍摄技巧。本章笔者将从构图方法、拍摄技巧和运镜手法 3 个方面向大家详细讲述如何拍出更有美感的中视频内容。

4.1　前期技巧：掌握构图方法

赏心悦目的视频内容往往能够快速抓住用户的注意力，拍摄中视频之前，中视频创作者要想让视频画面具有更高级的美感，除了保证拍摄的主体本身要美以外，还需要掌握拍摄的构图方法。

掌握了构图的方法后，中视频创作者就可以将视频画面中的物体按照一定的审美组合排放，使其具有更好的视觉效果。本小节笔者就介绍 6 种常用的构图方法，帮助大家拍出极具美感的中视频画面。

4.1.1　前景构图法

前景构图可以增强视频画面的层次感，使视频画面内容更丰富的同时，又能很好地展现视频拍摄的主体。前景构图分为两种情况，一种是将拍摄视频中的主体作为前景进行拍摄，如图 4-1 所示。

图 4-1　将视频拍摄主体作为前景

从图 4-1 中我们可以发现，利用前景构图法直接将女孩作为前景对象，不仅可以使视频的画面更有层次感，还可以让女孩的轮廓线条在四周景物的衬托下更加突出。

除了将拍摄主体作为前景以外，另一种是将视频拍摄主体以外的事物作为前景来进行拍摄，如图 4-2 所示。在这段人物视频中，中视频创作者利用主体以外的物品作为前景，不仅能让用户在视觉上产生一种透视感，又有身临其境的感觉，还能交代视频拍摄的环境。

图 4-2　将其他物品作为前景交代视频的拍摄环境

4.1.2　九宫格构图法

　　九宫格构图又叫井字形构图，是黄金分割构图的简化版，也是最常见的构图手法之一。九宫格构图中一共有四个趣味中心，每一个趣味中心都将视频拍摄主体放置在偏离画面中心的位置上。一般来说，用九宫格构图法来拍摄中视频，能够使视频画面相对均衡，拍摄出来的视频也比较自然、生动。图 4-3 所示，就是将主体放在偏离中心点拍摄的视频案例。

图 4-3　九宫格构图的视频画面

4.1.3　水平线构图法

　　水平线构图是指依据水平线而形成的拍摄构图技法，对于水平线构图的拍法最主要的就是寻找到水平线，或者与水平线平行的直线。图 4-4 所示，就是利用水平线拍摄的中视频画面。

图 4-4　利用水平线进行拍摄的视频画面

　　我们还可以在画面中寻找与水平线平行的线进行中视频的拍摄，如地平线，这样拍摄出来的画面也十分具有延伸感、平衡感，如图 4-5 所示。

图 4-5　利用地平线进行拍摄的视频画面

4.1.4　对称式构图法

对称构图的含义很简单，就是将整个画面以一条轴线为界，轴线两边的事物重复且相同地出现，下面笔者将为大家介绍 4 种常用的对称构图类型。

1. 上下对称构图

上下对称，顾名思义，就是视频画面的上下方向形成对等效果，这种构图容易在横向上给人以稳定之感，如图 4-6 所示。

图 4-6　上下对称构图拍摄的视频截图

2. 左右对称构图

左右对称就是视频画面左边部分与右边部分对称的情况，这种构图能在纵向上给人更好的视觉效果，如图 4-7 所示。

图 4-7　左右对称构图拍摄的视频截图

3．斜面对称构图

斜面对称构图，是以画面中存在的某条斜线或对象为分界，进行取景构图，这种构图能在画面上给人别具一格的艺术感，如图 4-8 所示。

图 4-8　斜面对称构图拍摄的视频截图

4．全面对称构图

全面对称构图指的是画面中各个面都是对称的，它包括了上下对称、左右对称、斜面对称和多重对称的所有特点，如图 4-9 所示。

图 4-9　全面对称构图拍摄的视频截图

4.1.5　三分线构图法

三分线构图，顾名思义，就是将视频画面在横向或纵向分为三部分，在拍摄视频时，将对象或焦点放在三分线构图的某一位置上进行构图取景。

1. 上三分线构图

上三分线构图是取画面的上三分之一处。图 4-10 所示，这里天空占了整个画面的上方三分之一，地景占了整个画面的下方三分之二。

图 4-10　上三分线构图拍摄的视频截图

2. 下三分线构图

图 4-11 所示，以建筑为分界线，下方地面和建筑占了整个画面的三分之一，天空占了画面的上方三分之二。

图 4-11　下三分线构图拍摄的视频截图

3. 左三分线构图

左三分线构图，是指将主体或辅体置于左竖向三分线构图的位置。图 4-12

所示，视频画面中的人物就处于画面左侧三分之一处。

图 4-12　左三分线构图拍摄的视频截图

4. 右三分线构图

右三分线构图与左三分线构图刚好相反，是指将主体或辅体放在画面中右侧三分之一处的位置，从而突出主体，如图 4-13 所示。和阅读一样，人们看视频时也是习惯从左往右，视线经过运动最后落于画面右侧，所以将主体置于画面右侧能有良好的视觉效果，还能产生一种距离的美感。

图 4-13　右三分线构图拍摄的视频截图

4.1.6　仰拍构图法

在日常拍摄视频时，需要抬头拍的，都可以理解成仰拍。下面向大家介绍 4 种仰拍的构图技巧。

1. 30°仰拍构图

30°仰拍构图是相对于平视而言的，将手机摄像头或者相机镜头通过视平线向上抬起30°左右即可。图4-14所示，将手机镜头放低，然后用30°仰拍构图。

图4-14 30°仰拍构图拍摄的视频截图

2. 45°仰拍构图

45°是在30°和60°之间的仰拍角度，采用45°仰拍构图拍摄视频，在拍摄时与视平线的夹角比30°要大。图4-15所示，就是用45°仰拍的人物视频。

图4-15 45°仰拍构图拍摄的视频截图

3. 60°仰拍构图

60°仰拍拍摄得到的手机视频，相比之前所拍摄到的主体，看上去要更加高大与庄严。图 4-16 所示，这段视频，以蓝天作为背景，使手机视频画面干净整洁的同时，又很好地突出了视频拍摄的主体对象。

图 4-16　60°仰拍构图拍摄的视频截图

4. 90°仰拍构图

90°仰拍就是以与镜头垂直的角度来进行视频的拍摄。这种拍法要注意的是，必须站在与视频拍摄主体垂直角度的中心点下方进行拍摄，否则视频画面将出现歪歪扭扭的情况。图 4-17 所示，为摄影师站在灯下以 90°对着天花板拍摄灯具的画面，展现了灯具完美的结构。

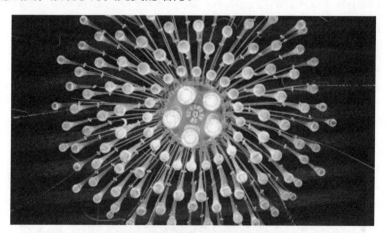

图 4-17　90°仰拍构图拍摄的视频截图

4.2　拍摄技巧：让视频与众不同

中视频创作者在拍摄中视频时，想要获得好的效果，就需要利用各种光线和技巧去拍摄视频，以保证视频画面的清晰度和美观度。否则，即使一段视频拍摄得再好，其画面不够清晰和美观，也会使视频的质量大打折扣。

4.2.1　运用光线

我们如今所说的光线，大都可以分为自然光与人造光。如果这个世界没有光线，那么世间万物就会呈现出一片黑暗的景象，所以光线对于视频拍摄来说至关重要，也决定着视频的清晰度。

比如，光线比较黯淡的时候，拍摄的视频就会模糊不清，即使手机像素很高，也可能存在此种问题。而光线较亮的时候，拍摄的视频画面就会比较清晰。下面主要介绍顺光、侧光和逆光这 3 种常见自然光线的拍摄技巧，帮助大家用光影来突出中视频的层次与空间感。

1. 顺光

顺光就是指照射在被摄物体正面的光线，其主要特点是受光非常均匀，画面比较通透，不会产生非常明显的阴影，而且色彩也非常亮丽。采用顺光拍摄的视频作品，能够让视频拍摄主体更好地呈现出自身的细节和色彩，从而进行细腻的描述，如图 4-18 所示。

图 4-18　顺光拍摄花朵的视频

2. 侧光

侧光是指光源的照射方向与视频的拍摄方向呈直角状态，即光源是从视频拍摄主体的左侧或右侧直射过来的光线，因此被摄物体受光源照射的一面非常明亮，而另一面则比较阴暗，画面的明暗层次感非常分明。

采用侧光拍摄的视频，可以体现出一定的立体感和空间感，轻松拍出超有意境的光影效果，如图 4-19 所示。

图 4-19　侧光拍摄展现立体感与空间感

3. 逆光

逆光是指拍摄方向与光源照射方向刚好相反，也就是将镜头对着光拍摄，可以产生明显的剪影效果，从而展现出被摄对象的轮廓线条。例如，我们用逆光拍摄树叶的话，会使树叶呈现晶莹剔透之感，如图 4-20 所示。

图 4-20　逆光拍摄树叶的视频

4.2.2　背景虚化

使用手机拍摄视频时，想要拍摄出背景虚化的效果，就要让焦距尽可能地放大，焦距放得越大，背景画面就会越模糊；但焦距放得太大，整个视频画面也容易变模糊。所以，中视频创作者在拍摄视频时，可以根据不同的拍摄场景来设置合适的焦距倍数。

如今，大多数手机都采用大光圈镜头，带有背景虚化功能，当主体聚焦清晰时，从该物体前面的一段距离到其后面的一段距离内的所有景物也都是清晰的。例如，在放大焦距的情况下，我们所拍摄的植物视频，主体是清晰的，背景是模糊的，如图 4-21 所示。

图 4-21　放大焦距拍摄的植物

4.2.3　剪影拍摄

剪影拍摄在人像中是比较常用的方法，这是因为在逆光的角度下，人像会变得非常唯美。半剪影或剪影人像类的视频，主要是采用侧逆光或者逆光的光线，降低人物部分的曝光度，使其在画面中呈现出漆黑的剪影形式，可以更好地集中欣赏者的视线，完整地诠释被摄人物的肢体动作。

1. 侧逆光拍摄

在侧逆光环境下，可以让主体看上去更具形式感，不同的阴影位置和长度可以创造出不同的画面效果。同时，画面的明暗对比也非常强烈，增添了画面的活力和气氛。另外，背景中的太阳光作为画面的陪体，让画面的色彩更加浓烈，可以对画面起到很好的烘托作用。

在侧逆光下拍摄半剪影效果时，光线会在主体周围产生耀眼的轮廓光，强烈地勾勒出主体的轮廓和外观，质感也非常强烈，如图 4-22 所示。

建议大家可以选择在早晨太阳升起后以及傍晚太阳落山前一小时左右，来拍摄半剪影或剪影的视频，因为在这个时间点拍摄的剪影视频效果最好。

图 4-22　在侧逆光下拍摄的半剪影视频

2．逆光拍摄

在逆光拍摄时才能拍出完全漆黑的剪影效果，也就是拍摄者要迎着光源，让光线被主体（人物或物体）挡住，这样主体就会因曝光不足而导致出现一个几乎全黑的轮廓，从而实现特殊的创意与画面表现，如图 4-23 所示。

图 4-23　在逆光下拍摄的剪影视频

4.2.4　镜头滤镜

智能手机自带的手机相机通常都有很多滤镜效果，在录制一些特别的画面时，使用这些滤镜可以强化画面的气氛，让画面更有代入感。我们在用手机拍摄视频时，只需要找到照相机中的滤镜选项，然后将镜头对准拍摄对象，即可实时预览各种滤镜的拍摄效果。

　　例如，在拍摄风光类视频时，我们可以选择合适的滤镜来拍摄，通过对画面的色彩和影调进行调整，能够让普通的风景变得更有质感，对比效果如图 4-24 所示。

图 4-24　未使用滤镜（上）与使用滤镜（下）拍摄的风光视频对比效果

4.3　运镜手法：呈现视觉效果

　　在拍摄中视频时，中视频创作者需要在镜头的景别以及运动方式方面下功夫，掌握常用的运镜手法，能够帮助创作者更好地突出视频的主体和主题，让用户的视线集中在你所要表达的对象上，同时也能让中视频作品更加生动，更加有画面感。

4.3.1 镜头景别

镜头景别是指拍摄设备的镜头与拍摄对象的距离，下面笔者就介绍中视频和各种影视画面中经常用到的 9 种镜头景别方式。

(1) 大远景镜头：这种镜头景别的视角非常大，适合拍摄城市、山区、河流、沙漠或者大海等户外类中视频题材，尤其适合用于片头部分，使用大广角镜头拍摄通常能够将主体所处的环境完全展现出来，如图 4-25 所示。

图 4-25　使用大远景镜头拍摄的视频示例

(2) 全远景镜头：通常用于拍摄高度和宽度都比较充足的室内或户外场景，可以更加清晰地展现主体的外部形象和部分细节，以及更好地表现视频拍摄的时间和地点，如图 4-26 所示。

图 4-26 使用全远景镜头拍摄的视频示例

专家提醒

　　大远景镜头和全远景镜头的区别除了拍摄的距离不同外，大远景镜头对于主体的表达是不够的，主要用于交代环境；而全远景镜头则在交代环境的同时，也兼顾了主体的展现。

　　(3)远景镜头：这种镜头景别的主要功能就是展现人物或主体的"全身面貌"，通常使用广角镜头拍摄，视频画面的视角非常广，但拍摄的距离却比较近，能够将人物的整个身体完全拍摄出来，包括性别、服装、表情、手部和脚部的肢体动作，还可以用来表现多个人物的关系，如图 4-27 所示。

图 4-27 使用远景镜头拍摄的视频示例

　　(4) 中远景镜头：很多电影画面会用到这种镜头景别，就是镜头在向前推动的过程中，逐渐放大主体 (如人物) 时，首先裁剪掉主体一部分的景别，适用于室内或户外的拍摄场景。中远景镜头景别可以更好地突出人物主体的形象，以及清晰地刻画人物的服饰造型等细节特点，如图 4-28 所示。

图 4-28　使用中远景镜头拍摄的视频示例

（5）中景镜头：这种镜头景别主要是从人物的膝盖部分向上至头顶进行取景，不但可以充分展现人物的面部表情、发型发色和视线方向，同时还可以兼顾人物的手部动作，如图 4-29 所示。

图 4-29　使用中景镜头拍摄的视频示例

（6）中近景镜头：这种镜头景别主要是将镜头下方的取景边界线卡在人物的胸部位置上，重点刻画人物的面部特征，如表情、妆容、发型、视线和嘴部动作等，而对于人物的肢体动作和所处环境的交代则基本可以忽略，如图 4-30 所示。

图 4-30　使用中近景镜头拍摄的视频示例

(7) 特写镜头: 这种镜头景别着重刻画人物的整个头部画面, 包括下巴、眼睛、头发、嘴巴和鼻子等细节之处。特写镜头景别可以更好地展现人物面部的情绪, 包括表情和神态等细微动作, 从而渲染出中视频的情感氛围, 如图 4-31 所示。

图 4-31　使用特写镜头拍摄的视频示例

(8) 大特写镜头: 这种镜头景别主要针对人物的脸部来进行取景拍摄, 能够清晰地展现人物脸部的细节特征和情绪变化, 如图 4-32 所示。很多热门的中视频都是以剧情创作为主, 而大特写镜头就是一种能推动剧情更好地发展的镜头语言, 中视频创作者合理运用这一拍摄方式, 很可能会达到意想不到的效果。

(9) 极特写镜头: 这是一种纯细节的镜头景别形式, 也就是说, 我们在拍摄时将拍摄设备的镜头只对准人物的眼睛、嘴巴或者手部等某个局部, 进行细节的刻画和描述，如图 4-33 所示。

图 4-32　使用大特写镜头拍摄的视频示例

图 4-33　使用极特写镜头拍摄的视频示例

4.3.2　推拉运镜

推拉运镜是短视频中较为常见的运镜方式，这种运镜方式同样适用于中视频的拍摄中。"放大画面"或"缩小画面"是这种运镜方式的表现形式，如图 4-34 所示。

1.　"推"镜头

"推"镜头是指将镜头从较大的景别推向较小的景别，如从远景推至近景，从而突出用户要表达的细节，将这个细节从镜头中凸显出来，让用户注意到。

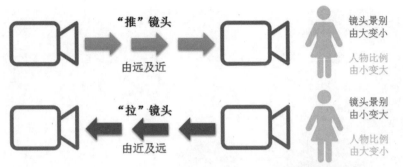

图 4-34 推拉运镜的操作方法

图 4-35 所示，为一个拍摄某个建筑物的中视频内容，视频开头首先向我们呈现的是该建筑物的整体，画面中包括的元素比较丰富。

图 4-35 拍摄建筑的整体

然后通过"推"镜头的方式，使画面放大，将镜头向建筑物推进，突出画面的主体对象，如图 4-36 所示。

2．"拉"镜头

"拉"镜头的运镜方向与"推"镜头正好相反，即先用特写或近景等景别，将镜头靠近主体拍摄，然后再向远处逐渐拉出，拍摄远景画面。

(1) 适用场景：剧情类视频的结尾，以及强调主体所在的环境。

(2) 主要作用：可以更好地渲染中视频的画面气氛。

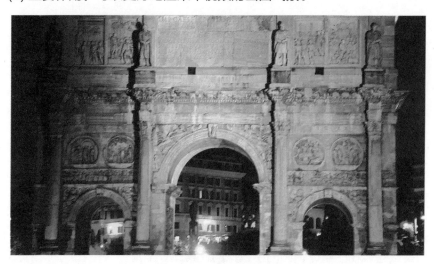

图 4-36　通过"推"镜头突出主体

图 4-37 所示，为一个拍摄房子的中视频，运用无人机拍摄，采用全远景的镜头景别，让周围的环境在视频画面中一览无余。

图 4-37　采用全远景镜头景别拍摄房子的中视频

然后通过"拉"镜头的方式，将无人机的机位向后上方移动，让镜头获得更加宽广的视角，如图 4-38 所示。

图 4-38　采用全远景镜头景别拍摄房子的中视频

4.3.3　横移运镜

　　横移运镜是指拍摄时镜头在一定的水平方向移动，跟推拉运镜向前后方向上运动的不同之处在于，横移运镜是将镜头向左右方向运动，如图 4-39 所示。横移运镜通常用于剧中的情节，如人物在沿直线方向走动时，镜头也跟着横向移动，可以更好地展现出空间关系，而且能够扩大画面的空间感。

图 4-39　横移运镜的操作方法

　　需要注意的是，在使用横移运镜拍摄中视频时，中视频创作者可以借助摄影滑轨设备，以保持手机或相机的镜头在移动拍摄过程中的稳定性。

　　图 4-40 所示，为一个拍摄人物侧面的中视频，这是一种跟拍的常用角度，能够很好地表现场景的变化。

图 4-40　拍摄人物侧面的中视频

　　然后通过横移运镜的方式，在拍摄设备的镜头对着人物侧面拍摄的同时，跟随人物的走动方向一起横向运动，能够让画面看上去更加连贯，如图 4-41 所示。

图 4-41　通过横移运镜打破画面局限，产生跟随视觉效果

4.3.4　跟随运镜

　　跟随运镜跟前面介绍的横移运镜比较类似，只是在方向上更为灵活多变，拍摄时可以始终跟随人物前进，让主角一直处于镜头中，从而产生强烈的空间穿越感，如图 4-42 所示。跟随运镜适用于拍摄采访类、纪录片以及宠物类等中视频题材，能够很好地强调内容主题。

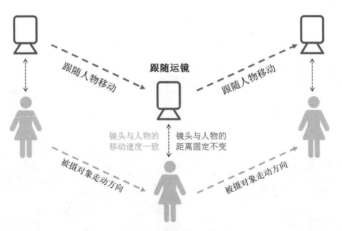

图 4-42　跟随运镜的操作方法

一般来说，创作者采用跟随运镜拍摄中视频时，拍摄设备的镜头与被拍摄对象保持相同的移动速度，才能让人产生第一人称的画面即视感。所以，创作者使用跟随运镜拍摄中视频时，需要注意以下事项。

- 镜头与人物之间的距离始终保持一致。
- 重点拍摄人物的面部表情和肢体动作的变化。
- 跟随的路径可以是直线，也可以是曲线。

4.3.5　升降运镜

升降运镜是指镜头的机位朝上下方向运动，从不同方向的视点来拍摄要表达的场景，如图 4-43 所示。

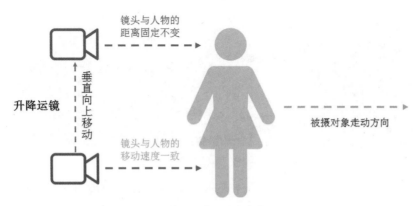

图 4-43　升降运镜（垂直升降）的操作方法

升降运镜适合拍摄气势宏伟的建筑物、高大的树木、雄伟壮观的高山以及展示人物的局部细节等。如果创作者所拍摄的中视频内容以展现自然优美的风光为主，就可以多采用这种拍摄手法。图 4-44 所示，为采用升降运镜拍摄的房屋，首先用低机位镜头拍摄低处的房屋。

图 4-44 拍摄低处的房屋

然后一直将镜头向上延伸,这种上升运镜的方式能够带来画面纵向的扩展感，如图 4-45 所示。

图 4-45 将镜头向上延伸

随着镜头的上升，画面中的元素越来越多，镜头的视野也就越辽阔，如图 4-46 所示。

创作者使用升降运镜拍摄中视频时，需要注意以下事项。

● 拍摄时，中视频创作者可以切换不同的角度和方位来移动镜头，如垂直上下移动、上下弧线移动、上下斜向移动以及不规则的升降方向。

● 在画面中可以纳入一些前景元素，从而体现出空间的纵深感，让用户感觉主体对象更加高大。

图 4-46　上升运镜拍摄的视频示例

第 5 章

剪辑精彩视频大片

视频剪辑是每个中视频创作者都需要掌握的必备技能，也是影响视频内容吸引力的重要因素。创作者要想让自己的中视频内容更抓人眼球，就必须做好视频的后期。本章笔者将以剪映为例，帮助大家掌握处理视频的基本方法。

5.1 快速认识剪映

剪映 App 是一款热门的视频剪辑软件，拥有全面的剪辑功能，支持剪辑、缩放视频轨道和素材替换等功能。本小节介绍剪映的基本功能，让大家快速认识剪映。

5.1.1 认识页面，快速上手

进入"剪映"主页面，点击"开始创作"按钮，如图 5-1 所示。进入"照片视频"页面，选择相应的中视频素材后，点击"添加"按钮，如图 5-2 所示。

图 5-1　点击"开始创作"按钮

图 5-2　点击"添加"按钮

成功导入相应的照片或视频素材后，进入编辑页面，该页面由 3 个区域组成，如图 5-3 所示。点击预览区域右下角的 按钮，可全屏预览视频效果，如图 5-4 所示。

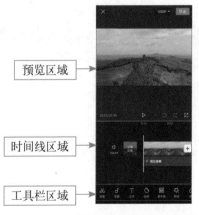

图 5-3　编辑页面的组成

图 5-4　全屏预览视频

5.1.2　缩放轨道，精确剪辑

　　在时间线区域中，有一根白色的垂直线条，叫作时间轴，上面为时间刻度，我们可以在时间线上任意滑动视频。如果我们在视频中添加了音频或视频，还可以看到相应的音频轨道或视频轨道，如图 5-5 所示。

图 5-5　时间线区域

　　双指在视频轨道捏合，可以调整时间线的大小，如图 5-6 所示。

图 5-6　调整时间线的大小

5.1.3 导入素材，丰富画面

在时间线区域的视频轨道上，点击右侧的+按钮，如图 5-7 所示。进入"照片视频"页面，选择相应的视频或照片素材后，点击"添加"按钮，如图 5-8 所示。

图 5-7 点击+按钮   图 5-8 点击"添加"按钮

完成操作后，即可在时间线区域的视频轨道上添加一个新的视频素材，如图 5-9 所示。

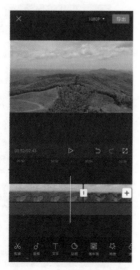

图 5-9 成功添加新的视频素材

除了以上导入新素材的方法外，用户还可以在点击 + 按钮后，进入"照片视频"页面，在其中点击"素材库"按钮，如图 5-10 所示。切换到"素材库"页面后，我们可以选择并添加剪映素材库内置的丰富素材，如图 5-11 所示。

图 5-10　点击"素材库"按钮

图 5-11　"素材库"页面

5.1.4　工具区域，方便快捷

在底部的工具栏区域中，我们在不进行任何操作的情况下，可以看到一级工具栏，其中有剪辑、音频、文本、贴纸和画中画等功能，如图 5-12 所示。

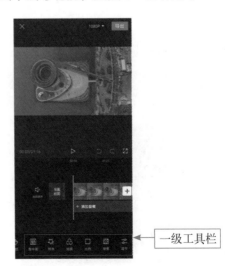

一级工具栏

图 5-12　一级工具栏

点击"剪辑"按钮，我们可以进入剪辑二级工具栏，如图 5-13 所示；点击"音频"按钮，我们可以进入音频二级工具栏，如图 5-14 所示。

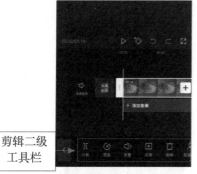

剪辑二级
工具栏

图 5-13　剪辑二级工具栏

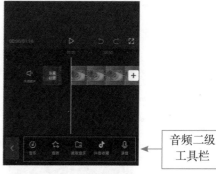

音频二级
工具栏

图 5-14　音频二级工具栏

5.2　玩转视频剪辑

剪映的操作页面非常简洁，但功能却不少，能满足我们完成中视频的基本剪辑需求。本小节笔者将为大家详细介绍运用剪映 App 剪辑中视频的操作技巧。

5.2.1　基本剪辑，轻松上手

下面笔者介绍使用剪映 App 对中视频进行基本剪辑处理的操作方法。

步骤 01　在剪映 App 中导入视频素材，点击"剪辑"按钮，如图 5-15 所示。

步骤 02　执行操作后，进入视频剪辑页面，如图 5-16 所示。

点击

图 5-15　点击"剪辑"按钮

图 5-16　进入视频剪辑页面

步骤 ⓪③ 将时间轴移动至相应的时间刻度后，点击"分割"按钮，即可分割视频，如图 5-17 所示。

步骤 ⓪④ 在视频剪辑页面中点击"变速"按钮后，在变速工具栏中点击"常规变速"按钮，进入"变速"页面后我们还可以调整视频的播放速度，如图 5-18 所示。

图 5-17 点击"分割"按钮

图 5-18 "变速"页面

步骤 ⓪⑤ 移动时间轴，选择片尾；点击"删除"按钮，如图 5-19 所示。

步骤 ⓪⑥ 执行操作后，即可删除片尾，如图 5-20 所示。

图 5-19 点击"删除"按钮

图 5-20 删除片尾

步骤⑦ 在视频剪辑页面中点击"编辑"按钮，可以对视频进行旋转、镜像以及裁剪等编辑处理，如图 5-21 所示。

步骤⑧ 在视频剪辑页面中点击"复制"按钮，我们还可以快速复制整个视频，如图 5-22 所示。

图 5-21 视频编辑功能

图 5-22 复制整个视频

步骤⑨ 用户还可以在视频剪辑页面中点击"定格"按钮，如图 5-23 所示。

步骤⑩ 执行操作后，使用双指放大时间轴中的画面片段，即可延长该片段的持续时间，实现定格效果，如图 5-24 所示。完成操作后，即可导出视频。

图 5-23 点击"定格"按钮

图 5-24 实现定格效果

当然，除了以上基本的剪辑操作之外，在剪辑页面，我们还可以对视频进行倒放处理，或者对视频的亮度、对比度和饱和度等做出调节。

5.2.2　逐帧剪辑，精确度高

在剪映 App 中，点击"开始创作"按钮，导入两个视频素材，如果导入的素材位置不合适，用户在视频轨道上选中并长按需要更换位置的素材，两个素材便会变成小方块状，如图 5-25 所示。变成小方块状后，即可将视频素材移动到合适的位置，如图 5-26 所示。

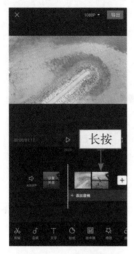

图 5-25　长按素材　　　　　　　　　图 5-26　移动素材

移动到合适的位置后，松开手指即可成功调整素材的位置，如图 5-27 所示。

图 5-27　完成素材位置调整

中视频创作者如果想要对视频进行更加精细的剪辑，只需放大时间线，如图 5-28 所示。在时间刻度上，创作者可以看到显示剪辑精度为 15 帧的画面，并可以对视频进行精确的剪辑，如图 5-29 所示。

图 5-28　放大时间线

图 5-29　显示 15 帧剪辑精度

5.2.3　两种变速，多种预设

在剪映 App 中，点击"开始创作"按钮，导入一段视频素材，点击"剪辑"按钮，如图 5-30 所示。进入剪辑二级工具栏，点击"变速"按钮，如图 5-31 所示。

图 5-30　点击"剪辑"按钮

图 5-31　点击"变速"按钮

进入变速工具栏中，有"常规变速"和"曲线变速"两个工具，点击"常规变速"按钮，进入"变速"页面后，拖曳图标，如图5-32所示。

图5-32 进入"变速"页面

其中，1×表示正常速度，小于1就是速度变慢，视频时间将会变长，同时视频轨道上的视频将会拉长，如图5-33所示。大于1就是速度变快，视频时间将会变短，视频轨道上的视频也将会同时缩短，如图5-34所示。

图5-33 视频轨道拉长　　　　　　　　图5-34 视频轨道缩短

再次导入一段视频素材，进入变速工具栏，点击"曲线变速"按钮，如图5-35所示。进入"曲线变速"页面后，可以看到有自定、蒙太奇、英雄时刻、子弹时间和跳接等多种预设，如图 5-36 所示。

图 5-35 点击"曲线变速"按钮

图 5-36 "曲线变速"页面

其中，点击"自定"选项，即可进入曲线调节页面，如图 5-37 所示。用户可以任意拖动速度点，速度点在上方表示视频加速，速度点在下方表示视频减速，如图 5-38 所示。

图 5-37 曲线调节页面

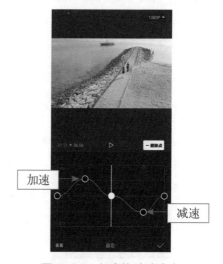

图 5-38 任意拖动速度点

如果想要删除视频中的某个速度点，把白色时间轴移动到速度点上，点击 ▭删除点 按钮，即可删除速度点，如图 5-39 所示；如果想要添加速度点，就把白色时间轴移动到没有速度点的曲线上，点击 ＋添加点 按钮，即可添加速度点；如果我们对当前设置不满意，点击左下角的"重置"按钮，即可重新调节速度，如图 5-40 所示。

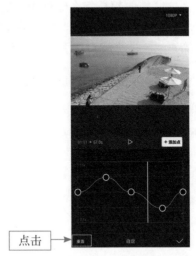

图 5-39 点击"删除点"按钮　　　　　　　图 5-40 点击"重置"按钮

5.3 增加视频特效

经常看中视频的人会发现，很多创作者都会在视频内容中添加一些好看的特效，从而吸引用户的注意力，如图 5-41 所示。

图 5-41 某抖音创作者的视频内容

这些特效不仅能丰富中视频的画面元素，而且还能让中视频变得更加炫酷。中视频创作者要想提高视频的观看量和完播率，可以在中视频内容中添加一些特效，以提升用户的观感。

那么，这些特效都是怎么制作出来的呢？剪映 App 中特效素材有很多，本小节笔者将介绍用剪映 App 制作特效的 3 种方法，以此帮助中视频创作者学会制作特效的方法，让中视频画面更加吸引用户眼球。

5.3.1 添加酷炫特效

在视频画面中添加酷炫的特效，可以使中视频更具有吸引力。下面笔者便介绍具体的操作方法。

步骤 01 在剪映 App 中导入 3 段视频素材，点击底部的"特效"按钮，如图 5-42 所示。

步骤 02 进入特效编辑页面，在"基础"特效列表框中，选择"开幕"效果，此时在上方预览区域中可以查看视频的"开幕"效果；点击 ✓ 按钮，即可添加"开幕"特效，如图 5-43 所示。

图 5-42　点击"特效"按钮

图 5-43　点击 ✓ 按钮

步骤 03 添加"开幕"特效后，拖曳其时间轴右侧的白色拉杆，可调整"开幕"特效的持续时间；拖曳时间轴至"开幕"特效的结束位置处，点击 « 按钮，如图 5-44 所示。

步骤 04 完成操作后，点击"新增特效"按钮，如图 5-45 所示。

图 5-44 点击 ≪ 按钮

图 5-45 点击"新增特效"按钮

步骤 05 切换至"氛围"特效列表框,选择"金粉"特效;点击 ✓ 按钮,如图 5-46 所示。

步骤 06 完成操作后,即可在视频中添加"金粉"特效,拖曳其时间轴右侧的白色拉杆,可调整"金粉"特效的持续时间,如图 5-47 所示。

图 5-46 点击 ✓ 按钮

图 5-47 成功添加"金粉"特效

步骤 07 将时间轴拖曳至"金粉"特效的结束位置处;点击 ≪ 按钮,如图 5-48 所示。

步骤 08 点击"新增特效"按钮，如图 5-49 所示。

图 5-48 点击 « 按钮

图 5-49 点击"新增特效"按钮

步骤 09 在"基础"特效列表框中，选择"闭幕"效果；点击 ✓ 按钮，如图 5-50 所示。

步骤 10 完成操作后，即可在视频结尾处添加"闭幕"特效，如图 5-51 所示。

图 5-50 点击 ✓ 按钮

图 5-51 成功添加"闭幕"特效

5.3.2 添加滤镜效果

添加滤镜效果不仅可以掩饰视频画面的瑕疵，还可以令中视频产生绚丽的视觉效果。下面笔者就介绍使用剪映 App 为中视频添加滤镜效果的操作方法。

步骤 ⑴ 导入视频素材后，点击底部的"滤镜"按钮，如图 5-52 所示。

步骤 ⑵ 在"滤镜"菜单中根据视频场景选择合适的滤镜效果后，点击 ✓ 按钮，如图 5-53 所示。

图 5-52 点击"滤镜"按钮 　　　　图 5-53 点击✓按钮

步骤 ⑶ 选中滤镜轨道，拖曳右侧的白色拉杆，可调整滤镜的持续时间与视频一致，如图 5-54 所示。

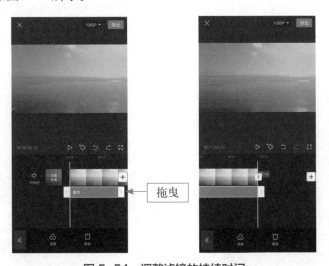

图 5-54 调整滤镜的持续时间

步骤 ⑷ 完成操作后点击底部的"滤镜"按钮，调出"滤镜"菜单，拖曳白色圆圈滑块，便可以适当调整滤镜程度，如图 5-55 所示。

步骤⑤ 点击"导出"按钮，即可导出视频并预览效果，如图5-56所示。

图5-55 调整滤镜程度　　　　　　图5-56 点击"导出"按钮

5.3.3 制作创意背景

下面介绍使用剪映App制作中视频背景效果的操作方法。

步骤① 导入视频素材，点击底部的"比例"按钮，如图5-57所示。

步骤② 调出比例菜单，选择9∶16选项调整屏幕显示比例，如图5-58所示。

图5-57 点击"比例"按钮　　　　　图5-58 选择9∶16选项

步骤 03 返回主页面，点击"背景"按钮，如图 5-59 所示。

步骤 04 进入背景编辑页面，点击"画布颜色"按钮，如图 5-60 所示。

图 5-59 点击"背景"按钮

图 5-60 点击"画布颜色"按钮

步骤 05 调出"画布颜色"菜单，选择合适的背景颜色效果后，点击✓按钮，如图 5-61 所示。

步骤 06 在背景编辑页面中点击"画布样式"按钮，调出"画布样式"菜单，如图 5-62 所示。

图 5-61 点击✓按钮

图 5-62 点击"画布样式"按钮

步骤 07 用户可以在下方选择自己喜欢的画布样式模板，如图 5-63 所示。

步骤 08 另外，用户也可以点击 按钮，打开手机相册，设置自定义背景效果，如图 5-64 所示。

图 5-63　选择画布样式模板

图 5-64　选择背景图片

步骤 09 在背景编辑页面中点击"画布模糊"按钮，如图 5-65 所示。

步骤 10 选择合适的模糊程度后，点击 按钮，即可制作出分屏模糊视频效果，如图 5-66 所示。

图 5-65　点击"画布模糊"按钮

图 5-66　点击 按钮

5.4 添加视频字幕

字幕是中视频内容构成的一部分，也是制作视频后期的重中之重。我们在观看中视频的时候，常常可以看到很多中视频都添加了字幕效果，或用于提示歌词，或用于语音解说等。

这些字幕不仅可以让用户在短短几秒内就能看懂视频内容，还有助于用户记住中视频创作者所要表达的信息，吸引他们点赞和关注。本小节笔者主要向大家介绍制作中视频文字特效的方法，帮助大家快速制作出专业、漂亮的文字效果，提高用户观看视频的体验感。

5.4.1 普通字幕

在使用剪映 App 处理视频时，我们可以用它给自己拍摄的中视频添加合适的字幕内容，下面笔者介绍具体的操作方法。

步骤 01 导入视频素材后，点击"文本"按钮，如图 5-67 所示。

步骤 02 进入文本编辑页面，点击"新建文本"按钮，如图 5-68 所示。

图 5-67 点击"文本"按钮

图 5-68 点击"新建文本"按钮

步骤 03 打开相应页面后，在文本框中输入符合视频主题的文字内容，点击 ✓ 按钮确认，如图 5-69 所示。

步骤 04 完成操作后，在预览区域中按住文字素材并拖曳，即可调整文字的位置，如图 5-70 所示。

图 5-69　点击☑按钮

图 5-70　调整文字的位置

5.4.2　气泡文字

剪映 App 为我们提供了丰富的气泡文字模板，能够帮助我们快速制作出精美的中视频文字效果，下面笔者就介绍具体的操作方法。

步骤 01　导入一个视频素材后，点击底部的"文本"按钮，如图 5-71 所示。

步骤 02　进入文本编辑页面，点击"新建文本"按钮，如图 5-72 所示。

图 5-71　点击"文本"按钮

图 5-72　点击"新建文本"按钮

步骤 03　执行操作后，在文本编辑页面中点击"气泡"按钮，选择相应的气泡模板，如图 5-73 所示。

步骤 04 完成操作后，在文本框中输入相应的文字内容，点击 ✓ 按钮确认，即可添加气泡文字，如图 5-74 所示。

图 5-73　点击"气泡"按钮

图 5-74　点击 ✓ 按钮

5.4.3　字幕贴纸

剪映 App 能够直接给中视频添加字幕贴纸效果，从而让中视频画面更加精彩、有趣，吸引大家的目光，下面笔者就介绍具体的操作方法。

步骤 01 导入一个视频素材，点击"文本"按钮，如图 5-75 所示。

步骤 02 进入文本编辑页面，点击"添加贴纸"按钮，如图 5-76 所示。

图 5-75　点击"文本"按钮

图 5-76　点击"添加贴纸"按钮

步骤 03 执行操作后，在打开的页面中显示了丰富的贴纸模板，如图 5-77 所示。

步骤 04 选择相应的贴纸模板，将贴纸自动添加到视频画面中后，拖曳贴纸四周的控制柄，调整贴纸的大小；点击✓按钮，如图 5-78 所示。

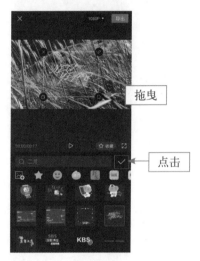

图 5-77　贴纸模板　　　　　　　图 5-78　点击✓按钮

步骤 05 生成对应的贴纸轨道后，在时间线区域中拖曳文字贴纸轨道，调整其持续时间和起始位置；点击"动画"按钮，如图 5-79 所示。

步骤 06 完成操作后，便进入"贴纸动画"页面，如图 5-80 所示。

图 5-79　点击"动画"按钮　　　　图 5-80　"贴纸动画"页面

步骤 07 在该页面，我们可以给视频设置"入场动画"效果，点击"渐显"按钮，如图 5-81 所示。

步骤 08 点击✅按钮，即可给视频设置"渐显"的动画贴纸效果，如图 5-82 所示。

图 5-81 点击"渐显"按钮

图 5-82 点击✅按钮

5.5 处理视频声音

声音是中视频非常重要的内容元素，选择好的背景音乐或者语音旁白，能够提高视频作品上热门的概率。本小节主要介绍中视频的声音处理技巧，包括导入背景音乐、录制语音旁白、裁剪音乐素材和消除视频噪声 4 个技巧，帮助大家快速学会后期音频处理。

5.5.1 导入背景音乐

在剪映 App 中，我们可以为中视频添加一些比较热门的背景音乐，丰富中视频的内容，使其更受用户的喜爱。下面笔者就介绍使用剪映 App 添加热门背景音乐的具体操作方法。

步骤 01 打开剪映 App，导入一个视频素材，点击"音频"按钮，如图 5-83 所示。

步骤 02 进入音频编辑页面，点击"音乐"按钮，如图 5-84 所示。

图 5-83 点击"音频"按钮

图 5-84 点击"音乐"按钮

步骤 03 进入"添加音乐"页面，选择喜欢的一首背景音乐，点击"使用"按钮，如图 5-85 所示。

步骤 04 完成操作后，即可成功将背景音乐添加至视频中，如图 5-86 所示。

图 5-85 选择背景音乐

图 5-86 成功在视频内添加背景音乐

5.5.2 录制语音旁白

有时候，我们需要为中视频添加一段独白，让视频的内容更有深度。下面笔者就介绍为中视频录制语音旁白的具体操作方法。

步骤 01　在剪映 App 中导入视频素材后，点击"关闭原声"按钮，将中视频原声设置为静音；点击"音频"按钮，如图 5-87 所示。

步骤 02　进入其编辑页面，点击"录音"按钮，如图 5-88 所示。

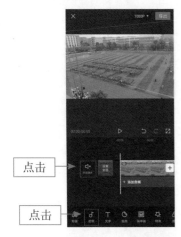

图 5-87　关闭原声

图 5-88　点击"录音"按钮

步骤 03　进入录音页面，按住红色的录音键不放，即可开始录制语音旁白，如图 5-89 所示。

步骤 04　录制完成后，松开录音键；点击 ✓ 按钮，即可生成录音轨道，如图 5-90 所示。

图 5-89　开始录音

图 5-90　点击 ✓ 按钮

5.5.3　裁剪音乐素材

如果添加的背景音乐过长，我们就需要对背景音乐进行裁剪与分割操作，使其长度符合中视频的要求。下面笔者就介绍裁剪与分割背景音乐素材的操作方法。

步骤①　向右拖曳音频轨道前的白色拉杆，即可裁剪音频，如图 5-91 所示。

步骤②　向左拖曳音频轨道，调整时间轴位置，如图 5-92 所示。

图 5-91　裁剪音频素材　　　　　　图 5-92　调整音频位置

步骤③　选择音频轨道，点击"分割"按钮；点击时间轴右侧的音频轨道，点击"删除"按钮，如图 5-93 所示。

步骤④　完成操作后，即可删除多余音频，如图 5-94 所示。

图 5-93　分割音频　　　　　　图 5-94　删除多余的音频

5.5.4 消除视频噪声

如果录音环境比较嘈杂，中视频创作者可以使用剪映来消除视频中的噪声。

步骤 01 导入视频素材，选中视频轨道后，点击底部的"降噪"按钮，如图 5-95 所示。

步骤 02 执行操作后，弹出"降噪"菜单，如图 5-96 所示。

图 5-95 点击"降噪"按钮

图 5-96 弹出"降噪"菜单

步骤 03 点击"降噪开关"按钮，系统会自动进行降噪，如图 5-97 所示。

步骤 04 点击✓按钮，即可完成对视频的降噪处理，如图 5-98 所示。

图 5-97 点击"降噪开关"按钮

图 5-98 点击✓按钮

第 6 章

定位账号方向精准

中视频创作者在入驻视频平台时，需要先找准账号的定位方向，一个定位精准的账号，能为自己增加辨识度，更能帮助自己提高权重。本章笔者就向大家分享账号定位和提升账号权重的方法，并介绍打造吸金账号的技巧，为创作者打造一个垂直的中视频账号提供借鉴。

6.1　做好账号定位

账号定位就是为中视频账号的运营确定一个领域，从而为内容发布指明方向。账号的定位越精准、越垂直，所吸引的粉丝就会越精准。这样一来，账号获得的精准流量就会越多，变现也就越轻松。那么，中视频创作者要如何做好中视频账号的精准定位呢？具体来说，大家可从以下 4 个方面展开。

6.1.1　根据自身专长定位

对于自身具有专长的中视频创作者来说，根据自身专长做账号定位是一种较为直接和有效的方法。中视频创作者只需对自己或团队成员的特长进行分析，然后选择某个或某几个专长来进行账号定位即可。

为什么要选取相关特长作为账号的定位呢？如果你今天分享与视频营销相关的内容，明天分享与社群营销相关的内容，那么对社群营销有兴趣的用户就可能不再关注你了，因为他很可能不喜欢你发布一些与社群营销不相关的内容。例如，某西瓜视频号的创始人对于摄影的技巧非常精通，于是他的账号定位就以摄影领域为主，所发布的视频也非常垂直，吸引了近 20 万粉丝，如图 6-1 所示。

图 6-1　西瓜视频某创作者的账号与其所发的视频内容

又如，西瓜视频某知名创作者在现实生活中是一位中学物理老师，在物理方面有很多的理解和认识，于是他便把自己的账号定位与自己的专长相结合，把有关数学、物理的科普知识发到了网络上，结果引起了不小的轰动。后来，他就在互联网上公开了自己的教学视频，分享了大量的有关数学和物理方面的科普视频，这些中视频帮助他积累了很多粉丝，如图 6-2 所示。

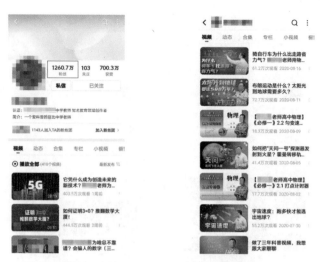

图 6-2　西瓜视频平台某创作者的账号

　　自身专长包含的范围很广，只要中视频创作者或其团队成员拥有一项专长，就可以尝试将专长与视频内容结合起来。如果制作出来的视频内容比较受用户欢迎，那么中视频创作者便可以将该专长作为账号的定位。

6.1.2　根据用户需求定位

　　通常来说，根据用户需求所打造的账号更容易受到欢迎。因此，结合用户需求和自身专长来进行账号定位也是一种不错的方法。所以，中视频创作者在做账号定位时，要先对目标用户的需求有所了解。而创作者要了解目标用户的需求，还需要先对用户的特性有所研究。具体来说，用户的特性一般可细分为两类，如图 6-3 所示。

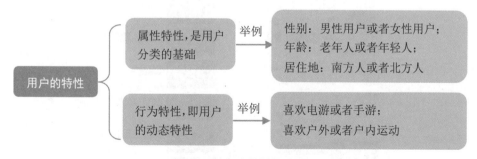

图 6-3　用户特性的分类

　　例如，大多数年轻女性都有化妆的习惯，但又觉得自己的化妆水平不高。因此，这些女性通常都会对美妆类内容比较关注。在这种情况下，中视频创作者如果对美妆内容比较擅长，那么将中视频账号定位为美妆号就比较合适了。图6-4所示，为一些分享美妆内容的视频号。

图6-4 分享美妆内容的视频号

又如，一些比较喜欢烹饪的用户，通常都会从视频中寻找一些新菜色的制作方法。因此，如果创作者自身就是厨师，或者会做的菜色比较多，特别喜欢制作美食，那么将中视频账号定位为美食制作分享类账号就是一种很好的方式。图6-5所示，为西瓜视频平台一位知名美食中视频创作者的账号，该创作者所发布的内容都与美食相关。

图6-5 西瓜视频某知名美食账号的主页及其发布的视频

了解了用户的特性之后，中视频创作者要如何了解目标用户需求呢？下面笔者分享两个分析目标用户需求的方法。

1. 分析自己的粉丝类型

在分析自己的粉丝类型时，创作者可以从粉丝的性别、年龄、地域分布和星座等方面分析目标用户，做好粉丝画像，并在此基础上更好地做出针对性的运营策略，实现精准营销。

大多数视频平台的后台都会有粉丝的数据，创作者利用这些数据，可以分析出粉丝的一些共性。以西瓜视频平台为例，创作者打开电脑浏览器，搜索"西瓜视频"，登录西瓜视频账号，进入西瓜创作平台，在"粉丝管理"栏目，便可以查看粉丝的性别、年龄和地域分布的数据，如图 6-6 所示。

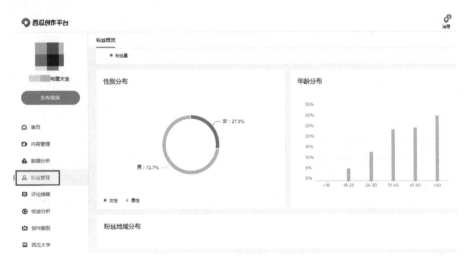

图 6-6　西瓜创作平台

2. 分析同类账号的粉丝

当中视频创作者已经根据自身特长选择了账号的领域之后，可以对该领域中一些粉丝数量较多的账号进行分析，关注这些账号的粉丝类型。例如，你是搞笑领域的新手创作者，那么就可以多在平台上搜索与搞笑有关的账号，选择进入粉丝数量较多的账号主页，如图 6-7 所示；点击"粉丝"按钮，如图 6-8 所示，可以观看该创作者的粉丝列表，进入这些粉丝的主页后，就可以分析同类账号的粉丝特点了。

图6-7　搜索"搞笑视频"的结果

图6-8　进入粉丝列表

6.1.3　根据人设特点定位

人设，是人物设定的简称。所谓人物设定就是创作者通过视频打造的人物形象和个性特征。通常来说，成功的人设能在用户心中留下深刻的印象。

例如，说到"一人分饰两角"，大多数用户可能首先想到的就是某抖音号，在该抖音号的视频中，经常会出现一个红色长发披肩的"女性"，有时候还会出现一个男性形象，这位男性是红色长发披肩的女性形象的扮演者。也就是说，该账号视频中的两个角色，都是由一个人来演绎的。同时，由于该账号的视频内容很贴合生活，其中人物的表达又比较幽默搞笑，所以该账号发布的视频内容通常能够快速吸引大量的用户观看。

人物设定的关键就在于为视频中的人物贴上标签。标签指的是视频平台给用户的账号进行分类的指标依据。平台会根据用户发布的视频内容，来给用户打上对应的标签，然后将创作者生产的视频推荐给对这类标签作品感兴趣的用户。这种个性化的流量机制，不仅提升了创作者的积极性，而且也增强了用户的观看体验。

例如，如果你的账号被平台打上了"美食"的标签，系统将不再把你的中视频随机推荐给用户，而是将视频精准地推荐给喜欢看美食内容的人。这样，你的中视频获得的点赞量和关注数就会非常高，将会有更多人看到你的作品，并喜欢上你的内容。

6.1.4　根据内容方向定位

根据内容方向来定位中视频账号，就是指中视频创作者确定好所在的领域与内容的方向后，据此来进行一系列的账号包装。例如，B站某中视频创作者的内容方向主要是以测评产品为主，所以该账号的名称及个人简介的内容都突出了"评测"二字，如图6-9所示。

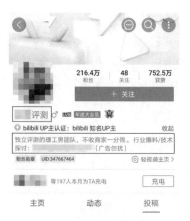

图6-9　B站某中视频创作者的账号主页

6.2　养号提升权重

中视频创作者确定好账号的定位后，就需要考虑怎样提升账号的权重了。而要提高新账号的权重，创作者必须经历一个养号的过程，即通过一系列的刻意操作来提升自己账号的初始权重。

账号的权重越高，视频平台就会给你更高的推荐量，而推荐量的提高就意味着会有更多的用户能看到你的视频，你的账号也将得到进一步的推广。所以，养号是账号运营必不可少的一个环节。

那么视频平台一般怎么判断账号的权重呢？简单来说，视频平台一般会根据你账号平时的点赞量、完播率、评论、转发和关注等数据的情况判定账号的权重。

很多创作者没有养号的意识，他们往往认为自己只要发一个视频，就会有人看。但是由于现在很多创作者都在视频平台上营销自己，导致现在的视频市场已经趋于饱和。所以，中视频创作者想在平台上依靠一个中视频作品获利，只拍一个作品就能涨粉十几万，可能性很小。

了解了养号的重要性之后，本小节笔者就从3个方面告诉大家如何快速养号，提升账号的权重。

6.2.1　1人1机固定网络

中视频商机无限，因此在一些视频平台上，会有很多中视频创作者互相竞争，有的人为了快速获利，甚至会利用一些不正当的方式去批量做账号。

对此，一些视频平台为了规避这种情况，会通过精确的技术手段，去检测一些频繁切换网络以及经常用不同手机登入的账号。如果你的账号被检测到有类似频繁切换网络登录的行为，就很容易会被平台监控，甚至会被平台限流或者封号。

为了避免被误判成营销号，笔者建议各创作者要保证"1机1卡1号"，也就是说，创作者要保证只利用一部手机和一张电话卡登入一个账号。在此过程中，创作者还要尽可能全程使用手机自带的网络，只有这样，账号权重才能逐步提高。

6.2.2 个人信息真实完善

个人主页的信息填写不容忽视。以抖音为例，中视频创作者入驻抖音平台时，要认真对待头像、性别、签名和学校等个人信息。同时，中视频创作者一定要按真实情况填写，如果你在不填写个人信息的情况下，还发了大量的视频，平台便会因为你个人信息不够完善，而减少推荐量。

另外，如果你的抖音号粉丝数量还没有超过一万，笔者建议你不要在个性签名处留下你个人的联系方式。如果你有今日头条的账号，一定要将抖音账号与今日头条的账号绑定起来，因为今日头条粉丝也是可以同步到抖音的，而且这样还有利于增加账号的权重。不仅如此，你必须进行实名验证，并填写好运营账号的地址，以方便抖音根据你的真实信息进行查重。

6.2.3 保持活跃提升价值

中视频平台喜欢活跃的原创视频创作者，如果你注册的账号时间较久，而且使用习惯符合抖音的规则和要求，你的账号权重也会越来越高。以抖音为例，你刚注册一个抖音号，笔者建议你在刚注册账号后的3～5天，要进行以下操作。

(1) 每天至少花半小时在首页刷热门视频，并且你刷视频时，须保证视频的完播率。

(2) 当你看到你喜欢的直播时，可以直接点进去观看，时间可以久一点。同时，你还可以看一下抖音的热搜榜单。

(3) 你可以在抖音搜索框内搜索你感兴趣的账号，然后点击关注。你还可以浏览其他创作者的视频，了解一下他们是如何运营的，这样方便抖音给你贴上标签，以保证下次你发布中视频作品时，系统能够准确地推送你的内容。

6.3 打造吸金账号

打造一个账号并不难，但是要打造出一个吸金的中视频账号是比较困难的，这需要中视频创作者多思考、多创新，笔者结合自身经验在这里给大家3个建议。

6.3.1 满足本能需求

创作者想要打造一个吸金的中视频账号，须让账号的视频内容满足用户的本能需求。那么用户有什么样的本能需求呢？下面笔者根据自身经验将大多数用户的本能需求总结为 5 个方面，具体如下。

1. 消遣解压

快节奏的现代生活让每个人都面临着一些生活的压力，人们为了缓解压力便会去观看一些比较幽默的内容来转移注意力。所以，要想让你的账号受到欢迎，那么你的账号所发表的视频作品就要有娱乐性、幽默性。

例如，抖音某中视频创作者的账号以分享一家人的生活趣事为主，在视频中，他弟弟的人设是一个爱玩游戏的少年，而他的任务就是在周末时阻止弟弟玩游戏。该中视频创作者每个作品记录的都是阻止弟弟玩游戏时所发生的趣事，满足了大多数用户消遣解压的需求，如图 6-10 所示。

图 6-10　能把人逗乐的中视频案例

2. 视觉上的享受

我们每个人都喜欢颜值较高的事物，所以中视频创作者在拍摄视频时，出镜的人物、道具和拍摄的环境，都要尽可能做到精致好看，让中视频账号的内容给用户视觉上的享受。例如，创作者可以将美丽的风景通过视频形式向用户展现出来，吸引用户的眼球，让用户陷入美好的想象中。

3. 引起情感共鸣

人都是有情感的，笔者建议中视频创作者在运营账号的过程中，对生活尽可能多一些体验和观察，这样可以借助普通的生活素材来引起用户的共鸣。比如，中视频创作者可以将人人都会经历的人生主题，如学习、工作、情感、财富和健康等元素作为视频创作的素材。

一般来说，用户在观看视频时，背后推动他的是情感。中视频创作者要想让自己的账号得到更多的关注和点赞，就要抓住用户的情感需求。但不同的人有不同的情感需求，所以中视频创作者需要从多个角度去戳中用户的痛点。比如，用户在生活中会逃避哪些情绪，或者他们想要什么情绪，这都是值得中视频创作者考虑的问题。

我们经常会看到一些分享情感故事类的账号，这些账号所发布的内容往往很容易引起用户的情感共鸣，并且视频点赞量和粉丝数量都很多，如图 6-11 所示。

图 6-11　分享情感故事的中视频账号所发布的内容

4. 实用

现在的视频平台中，有很多账号都以输出有用的知识技能来吸引用户的注意力，而且有些知识技能的内容特别适合用中视频这种形式来呈现。比如，各种各样的实用技巧、资源整合、必备清单和旅游饮食攻略等，这些具有实用性的中视频账号，更能引起用户的关注。

例如，西瓜视频上的用户主要来自二、三、四线城市以及农村人口，对于这些用户来说，他们更倾向于关注一些比较生活化的账号，类似于分享乡村故事、农村趣事的账号，因为从这些账号中，他（她）们往往能够学习到一些实用的生活经验，如图 6-12 所示。

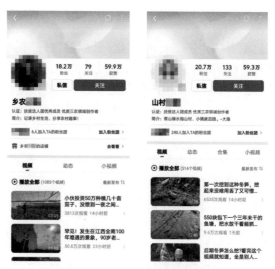

图 6-12　分享乡村故事的账号

5. 有社交价值

一个中视频账号的内容要具有一定的社交价值，才能引发更多用户的关注。社交价值有 6 个可以参考的维度，它们分别是归属感、交流讨论、实用价值、拥护性、信息知识和身份识别。

谈到中视频内容是否有社交价值这一问题，我们就不得不说 B 站了。众所周知，弹幕文化一直都是 B 站的主要卖点，如今，弹幕视频也逐渐成为 B 站尤为明显的特点。弹幕的出现不仅促进了普通观众与视频创作者的互动参与，还增强了视频内容的趣味性。可以说，如果创作者账号所发布的内容能够引起大多数用户的评价与讨论，那么这个账号的权重就不会很低。

图 6-13 所示，为 B 站某中视频的播放界面，从视频中我们可以发现，很多用户都喜欢在观看视频时发表自己的想法。

图 6-13　B 站某中视频的播放界面

6.3.2 做好形象包装

打造吸金账号，笔者认为还有一条途径，那就是做好形象的包装，包装账号的名字、头像和签名。账号的名字、头像和签名就相当于我们的外在形象，如果创作者把账号包装好了，不但能让用户时刻关注你，还能打造出属于自己的品牌，让自己的账号形成独有的特色。下面笔者便分享一些做好形象包装的方法。

1. 包装名字

名字就是账号内容的代表。在视频平台上，我们往往看到很多中视频创作者都会对自己的名字进行包装，其目的就是推销自己，为产品或者品牌打广告。需要注意的是，如果中视频创作者运营的是个人账号，就不需要包装账号的名字，否则用户就很容易对你产生一种防备心理。

如果中视频创作者要包装自己，可以把自己的职业或领域和自己名字结合起来。例如，西瓜视频某知名中视频创作者在现实生活中是一名职业模型师，他的账号名字便是职业和名字的结合体，如图 6-14 所示。

图 6-14 西瓜视频某知名创作者账号的名称

另外，还有一种较简单的取名方式，那就是中视频创作者可以取一个和自己视频内容定位相同的名字，并且是那种容易记住且接地气的名字。例如，一些发布解说视频的创作者，通常会直接用"×××解说"作为账号的名字，如图 6-15 所示。

当然，你还可以直接用你自己真实的名字作为账号昵称，这样的取名方式简单又直接。如果你实在很纠结如何取名，笔者在这里建议大家多看一些大咖取名的方式和技巧，这样就知道如何起名字了。

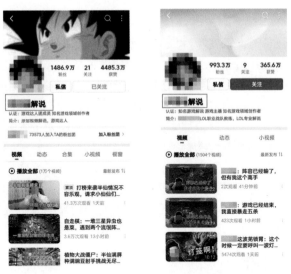

图 6-15　西瓜视频平台部分知名中视频创作者的账号名称

2. 包装头像

中视频账号头像的设置很关键，头像如果非常精致好看，那么就会吸引到很多粉丝。如果中视频创作者运营的账号是企业号，那笔者建议可以直接利用企业 Logo 作为头像，这样既方便用户识别企业身份，也能加快品牌传播速度。

如果中视频创作者运营的是个人号，笔者建议可以挑一张真人照片作为头像。例如，西瓜视频平台的一些知名的中视频创作者便经常用真人的照片作为头像。图 6-16 所示，为西瓜视频平台部分知名中视频创作者的头像。

图 6-16　西瓜视频平台部分知名中视频创作者的头像

如果一些中视频创作者不想真人出镜，那么笔者建议你用一个与自己人设相关的图片作为头像，需要注意的是，该图片一定要清晰、不低俗。

3. 包装签名

在设置个人签名时，笔者不建议大家在签名里营销自己，因为你的签名只有符合你自身的人设，并且还要突出特色，弱化营销的性质，才能吸引更多粉丝。具体来说，我们可以从角色、爱好和性格这3个方向出发来编辑自己的个性签名。例如，如果你是一个女青年，你的爱好是摄影，并且你觉得自己拥有一个有趣的灵魂，那么你可以以"一个有趣且爱摄影的女青年"作为个人的标签。

这样一来，当用户解读你的标签时，就可以获取到一些关键的信息，并且简短的个性签名也能引起用户的好奇心，让用户更加想要了解你。

需要注意的是，大家不要频繁地更改你的个人信息。如果你的账号名字、头像和签名已经设置好了，就不要轻易更改；如果你频繁更改个人信息，一些视频平台可能会对你的账号进行限流处理。

6.3.3 将 IP 人格化

被市场验证过的 IP 一般能够跟用户建立密切联系和深厚的信用度，并且能与用户实现情感层面的深层次交流，让用户感受到自己是跟一个人在交流。所以，将账户塑造成一个强 IP，并将 IP 人格化，也是打造吸金账号的方法之一。

1. 如何设计人格化的 IP

IP 人格化是商业社会发展中的必然，在视频行业，视频内容已经趋于饱和的状态，用户基本的需求已经被过度满足，所以用户对内容有着极大的自主选择权。用户观看中视频，除了想满足自己消遣的需求之外，有时还想要跟内容提供方对话，实现社交上的满足感。因此，中视频创作者要站在用户的角度，给中视频账号赋予温度，让它拥有一个人格化的外壳。而这个人格化的外壳，需要中视频创作者借助下面这4个维度来设计。

（1）语言风格。例如，你来自哪里，你有没有明显的地方口音，或者你的声调、音色是否有不一样的特点等。

（2）肢体语言。例如，你的眼神、表情、手势和动作是怎样的？你的性格是开朗的还是拘谨的，是安静的还是热情的。

（3）标志性动作。例如，你在视频中有没有频繁做出辨识度高的动作。一般来说，这一点需要后期刻意进行策划。

（4）人设名字。名字越朗朗上口，就越能让别人记住你，所以中视频创作者包装人设名字时，可以融入一些本人的情绪、性格和爱好等特色。

上面这些都是聚焦外在认知符号的外壳设计，中视频创作者想要打造一个深入人心的中视频账号，还得展现出一个账号的内在价值观，从而获得用户精神层面的认同。

2. 设计人格化 IP 的原因

不管是口头语言、肢体语言，还是人设与外在世界的互动方式，背后都有不同的价值观在支撑。例如，人的性格、价值观、阶层属性（善良、真诚、勇敢、坚韧、奋斗、包容、豁达、匠心、个性、追求极致、上等人和俗人）等，这些都能引起人内心深处的精神共鸣。这是因为大多数人在精神层面中所追求的，无非就是人格及精神层面上的认同。

因此，我们会发现，不管是中视频作品，还是其他的文化商品，都具有这样的特质。例如一些故宫的衍生品，便迎合了人们对传统文化的精神认同感；哈利·波特，便满足了人们对异想空间的向往。

需要注意的是，我们在策划人格化 IP 符号之前，要先将内在层面的东西确立下来，然后再在实际运营的过程中，不断地反馈调整。人们都期待一个理想化的自我，所以，用户在对各类中视频 IP 的关注和喜爱中，很容易会潜移默化地完成"理想化自我"的塑造过程。

3. 设计人格化 IP 的过程

真正的 IP 有着可识别的品牌化形象、黏性高且大量的粉丝基础、长时间深层次的情感渗透以及可持续可变现的衍生基础等特点。利用中视频内容来塑造优质 IP，中视频创作者需要做好打持久战的准备。因为任何事物品牌化都需要一个过程，在这里我们举一个案例来进行说明。

例如，抖音有一个搞笑达人账号，这个抖音账号拥有 700 多万粉丝，是某企业的一个头部账号，该账号的运营团队把这个 IP 的打造分为了 3 个阶段，分别是塑造期、成型期和深入期，并针对每一个阶段，制定了不同的内容输出方案。

在塑造期，运营团队在作品中重点体现的就是"嘿人李逵"的人设和性格特征，所有的内容都会围绕着人设来进行打造。经过一段时间的试验，运营团队发现粉丝反馈最多的人设标签前三就是"戏精""搞笑"和"蠢萌"。

到了成型期，他们就通过不同的内容来放大这 3 个标签，以此来影响更多的观看人群。经过测试，当账号已经到了深入期时，运营团队终于确定一个独有的标签作为主要人设特征。

4. IP 风格化不同阶段

不仅如此，在不同的阶段，需要我们策划的作品内容体系也是不同的。对于中视频账号策划及创作者来说，完整地参与一个账号的启动和成长，与对已成型的账号进行重新规划，这两者的工作内容是完全不同的。维护和经营一个 IP，按照前期、中期和后期的阶段划分，在内容上有不同的侧重。

(1) 在前期，中视频创作者的首要任务就是策划出奇制胜的中视频内容，让更多的用户知道这个账号，看到这个内容。

(2) 在中期，中视频创作者就要不断地对已有内容体系进行扩容，同时慢慢展现多样化的内容标签，催生账号的成长升级。

(3) 在后期，一旦中视频账号步入成熟期的阶段，中视频创作者很可能就会遇到瓶颈，这时，创作者就要考虑迭代的问题了。

IP 的迭代升级是一个巨大的、有难度的工程，因为有人设定位和粉丝积淀，重新打造 IP 的试错成本就会变得很高，那么在这一阶段，账号与账号之间的合作，就会起到比较好的作用。因此，创作者通常在这一阶段会考虑让 IP 跨界，去做影视、做综艺以及从事其他文化形态的工作，通过跨界来让 IP 的生命力持续发展。

第 7 章

策划内容打造爆款

中视频创作者要想让账号吸引到更多粉丝，在中视频领域有所成就，就必须持续输出优质的视频内容。本章笔者就来向大家分享一些爆款视频内容的生产方法，帮助大家找到容易上热门的中视频内容，掌握内容的展示技巧以及让视频传播得更快的技巧。

7.1 找到好内容的生产方法

中视频创作者要想打造出爆款的中视频，还得掌握内容生产的方法。本小节笔者就来重点为大家介绍 4 种中视频内容的生产方法，让大家可以快速生产出优质的内容。

7.1.1 内容制作紧跟定位

有中视频制作能力的创作者，可以根据自身的账号定位，打造原创的中视频内容。然而，很多创作者刚开始制作原创中视频时，可能还没有做好内容的定位，不知道拍摄什么内容，下面笔者给大家分享 5 个建议。

- 可以记录你生活中的趣事。
- 分享一些特殊的小妙招。
- 搞笑幽默，利用丰富的表情和肢体语言讲述故事。
- 旅行记录，将你在旅途中所看到的美景通过视频展现出来。
- 根据自己所长，持续产出某方面的内容。

7.1.2 加入创意适当改编

当中视频创作者需要借用他人的素材时，要加入自己的创意，对内容进行适当改编。否则，如果中视频创作者直接搬运视频并发布到视频平台上，不仅会导致你的内容没有原创性，还会面临侵权的风险，降低中视频账号的权重。所以，中视频创作者需要特别注意的是，不要搬运他人在其他平台中发布的视频，如果你搬运了别人的中视频内容，那么你就可能会收到一条视频被限制传播的通知。

不仅如此，如果其他用户观看你的中视频时，知道你是直接搬运了其他人的视频内容，还有可能会举报你。这样一来，平台就会对你的账号进行限流。这种直接搬运他人视频的账号，基本上是不可能生产出爆款视频的。因此，中视频创作者在生产中视频时，一定要加入自身的原创内容，避免侵权。如果中视频创作者在视频中加入的创意能够吸引用户眼球，那么这个作品很可能离"爆红"就不远了。

下面笔者根据自身的经验，总结了一些中视频常用的创意玩法，帮助大家快速生产出爆款中视频。

1. 电影解说

在西瓜视频和抖音上，我们常常可以看到各种有关电影解说的中视频作品，这种电影解说视频的内容，主要由电影中的重要剧情桥段和语速轻快、幽默诙谐的配音解说组成。而且这种内容创作形式相对简单，只要中视频创作者学会剪辑的基本操作技巧，就可以打造出一个完整的解说视频。图 7-1 所示，为某创作者的解说作品。

图 7-1　电影解说视频

不过，这种内容形式也存在一些难点，那就是中视频创作者需要在短时间内将电影内容说出来，这要求中视频创作者必须具有极强的文案策划能力，才能够让用户通过简短的解说，对电影情节有大致的了解。下面笔者总结一些关于电影解说类中视频的制作技巧，如图 7-2 所示。

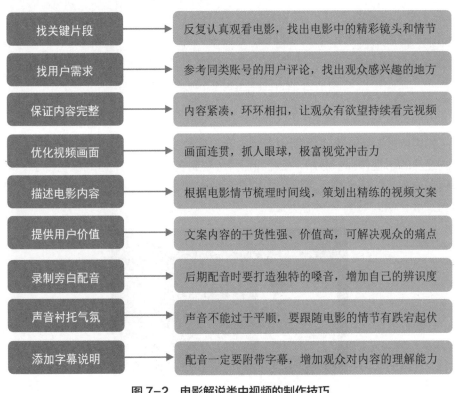

图 7-2　电影解说类中视频的制作技巧

2. 课程教学

在中视频时代，创作者可以非常方便地将自己掌握的知识录制成课程教学的视频，然后通过视频平台来传播并售卖给用户，以获得不错的收益和知名度。下面笔者总结了一些创作课程教学类中视频内容的相关技巧，如图 7-3 所示。

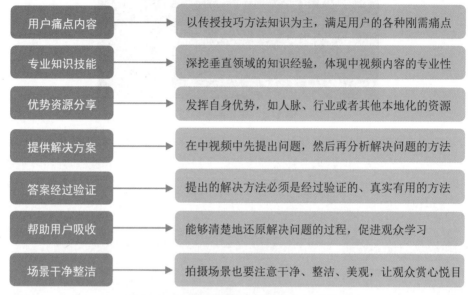

用户痛点内容	→	以传授技巧方法知识为主，满足用户的各种刚需痛点
专业知识技能	→	深挖垂直领域的知识经验，体现中视频内容的专业性
优势资源分享	→	发挥自身优势，如人脉、行业或者其他本地化的资源
提供解决方案	→	在中视频中先提出问题，然后再分析解决问题的方法
答案经过验证	→	提出的解决方法必须是经过验证的、真实有用的方法
帮助用户吸收	→	能够清楚地还原解决问题的过程，促进观众学习
场景干净整洁	→	拍摄场景也要注意干净、整洁、美观，让观众赏心悦目

图 7-3　创作课程教学类中视频的相关技巧

3. 翻拍改编

如果中视频创作者在策划中视频内容时很难找到创意，也可以去翻拍或改编一些经典的影视作品。例如，在经典影片《喜剧之王》中，主角周星星喊了一句："我养你啊！"这个桥段在网络上被众多创作者翻拍，其话题播放量在抖音上就达到了 8 亿次，如图 7-4 所示。

图 7-4　"# 我养你啊"抖音话题挑战赛

中视频创作者在寻找翻拍素材时，可以去豆瓣电影平台上找到各类影片排行榜，将排名靠前的影片都列出来，然后在其中搜寻经典片段，包括某个画面、道具、台词和人物造型等内容，并将其用到自己的中视频中。

7.1.3　打造新意制造热度

对于中视频创作者来说，在他人发布的内容基础上，适当地进行延伸，从而产出新的原创视频，也是一种不错的内容生产方法。与适当改编他人内容的方法相似，打造新意制造热度的对象也是以各中视频平台上的热点内容为主。

7.1.4　内容加强品牌联想

品牌联想指的是消费者对某一个品牌所了解的知识体系中，与其品牌相关的一切信息，其中也包括了消费者对某一品牌内涵的认知和理解。具体点就是对于消费者来说，当你想到或者看到这个品牌时最直接想到的一种产品、一个企业，或者是一个符号、一个人等，也可以是其品牌的产品功能性、象征性和体现的利益。

品牌联想还可以是消费者对其品牌最直接的总体态度和总体评价，消费者对某一个品牌的每一个联想都可以用联想其品牌的强度、认同度和独特性这 3 个指标来进行测量。品牌联想的内涵可分为 3 种不同的形态，如图 7-5 所示。

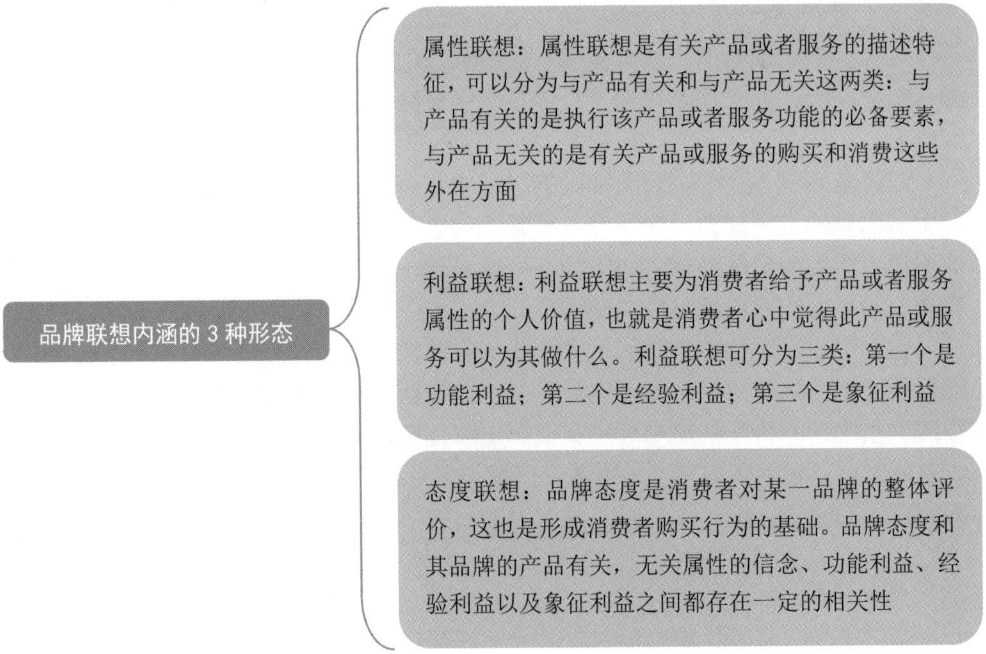

品牌联想内涵的 3 种形态

属性联想：属性联想是有关产品或者服务的描述特征，可以分为与产品有关和与产品无关这两类：与产品有关的是执行该产品或者服务功能的必备要素，与产品无关的是有关产品或服务的购买和消费这些外在方面

利益联想：利益联想主要为消费者给予产品或者服务属性的个人价值，也就是消费者心中觉得此产品或服务可以为其做什么。利益联想可分为三类：第一个是功能利益；第二个是经验利益；第三个是象征利益

态度联想：品牌态度是消费者对某一品牌的整体评价，这也是形成消费者购买行为的基础。品牌态度和其品牌的产品有关，无关属性的信念、功能利益、经验利益以及象征利益之间都存在一定的相关性

图 7-5　品牌联想内涵的 3 种形态

可见，品牌联想度是对品牌营销效果评估方面的更高要求——是一种比"未见其人，先闻其声"的先声夺人更具影响力的效果评判。在品牌联想度评判中，有两种方向上的联想：一是横向上，即从一个品牌联想到同类中的更具影响力的领先品牌；二是纵向上，即从一个概念、理念联想到其所代表的典型品牌。

中视频创作者在打造视频内容时，要学会利用内容来加强品牌联想。因为创作者在吸引了一定的粉丝量时，可能会有一些广告商让自己帮忙推广品牌，所以创作者要把握好变现的机会，将品牌与视频内容结合起来，让用户产生品牌联想，从而达到推广品牌的目的。

7.2　找到容易上热门的内容

做中视频运营，创作者一定要对那些爆款视频时刻保持敏锐的嗅觉，及时地去研究、分析，总结它们成功背后的原因。不要一味地认为那些成功的人都是运气好，而要思考和总结他们是如何成功的。

只有多积累成功的经验，站在"巨人的肩膀"上运营，中视频创作者才能看得更高、更远。本小节笔者总结了视频平台中的 6 大热门内容类型，让大家在策划中视频内容时可以适当地进行参考。

7.2.1　俊男美女颜值加分

为什么把"高颜值"的帅哥美女摆在第一位呢？笔者总结这一点的原因很简单，就是因为在很多视频平台上，许多中视频账号创作者都是通过自身的颜值来取胜的。

以抖音为例，我们在观看视频的过程中，可以发现，一些视频点赞量高的内容里，出镜的主角都有一个特点，那就是颜值高。不仅如此，在娱乐圈中，颜值似乎已经成为一个风向标，所以我们可以发现一些人气比较高的明星，颜值都比较高，而且他们的粉丝黏性也非常高。

由此可见，颜值是营销的一大利器。只要长得好看，即便没有过人的技能，随便唱唱歌、跳跳舞拍个视频也能吸引一些粉丝。高颜值的美女帅哥，比一般人更能吸引用户的目光。这一点其实很好理解，毕竟谁都喜欢看美好的东西。很多人之所以刷抖音，其实并不是想通过抖音学习什么，只是借助抖音打发一下时间，而且在他们看来，看一下帅哥、美女也是一种享受。

7.2.2　呆萌可爱吸引注意

萌往往和"可爱"这个词对应，大多数用户在看到呆萌可爱的事物时，都会忍不住想要多看几眼。对此，中视频创作者可以充分利用这一点，利用呆萌可爱的事物吸引用户注意。在中视频中，我们根据展示的对象，可以将萌分为 3 类，下面笔者就分别对这 3 个类别的内容进行分析。

1. 萌娃

萌娃是深受许多用户喜爱的一个群体。萌娃不仅外表可爱，他（她）们的一些行为举动还会让人觉得非常有趣，所以大多数与萌娃相关的视频都容易吸引用户的目光。B 站就有一个萌娃频道，频道内都是一些与萌娃有关的视频，如图 7-6 所示。

图 7-6　B 站的萌娃频道

2. 萌宠

许多人之所以养宠物，就是觉得宠物很萌。如果能把宠物日常生活中惹人怜爱、憨态可掬的一面通过视频呈现给用户，就能吸引许多喜欢萌宠的用户前来围观。

也正因为如此，抖音上兴起了一大批萌宠"网红"。例如，某抖音中视频账号所分享的视频内容以记录两只猫在生活中遇到的趣事为主，内容中经常出现快手和抖音上的"热梗"，配以"戏精"主人的表演，给人以轻松愉悦之感，吸引了 4300 多万用户的关注。

但是，平台上萌宠类内容的创作者数量很多，中视频创作者要想从中脱颖而出，还得重点掌握一些内容策划的技巧。具体来说，创作者可以参考以下 3 点。

(1) 让萌宠人性化。例如，中视频创作者可以从萌宠的日常生活中，找到它的"性格特征"，并通过剧情的设计，对萌宠的"性格特征"进行展示和强化。

(2) 让萌宠拥有特长。例如，中视频创作者可以通过不同的配乐，展示宠物的舞姿，把宠物打造成"舞王"。

(3) 配合宠物演戏。比如，中视频创作者可以让萌宠配合演戏，然后通过后期配音或字幕，让萌宠和主人"说话"。图7-7所示，为某中视频创作者的抖音账号主页和他所发布的视频内容。

图 7-7　某中视频创作者的抖音主页及其视频内容

3. 萌妹子

萌妹子身上常常会自带一些标签，比如爱撒娇、天然呆、温柔或者容易害羞等。在这些标签的加持之下，中视频用户看到视频中的萌妹子时，往往都会心生怜爱和保护之情。

快手和抖音上就有许多非常火的萝莉，她们不仅拥有非常性感迷人的身材，而且风格也很二次元，广受用户的欢迎。

7.2.3　看点十足赏心悦目

"爱美之心，人皆有之"。中视频创作者在做内容策划时，可以把用户爱美的心理激发出来。当然，这里的"美"并不仅仅是指人，它还包括美景、美食等，中视频创作者可以在视频中将美景和美食充分展示给用户。

从人的方面来说，中视频创作者想要提升视频的美感，有必要让视频中出镜的主角穿着干净整洁，有神采，而不是一副颓废的样子，这样能明显提升颜值。妆容可以不必化浓妆，但是化一点淡妆，整个人的气色会好很多。

从景物等方面来说，中视频创作者完全可以通过其本身的美再加上高深的摄影技术来实现，中视频创作者可以用精妙的画面布局、构图和特效等，打造一个高推荐量、播放量的中视频。图 7-8 所示，为 B 站上与美景相关的中视频内容。

图 7-8 关于美景的中视频内容

从美食等方面来说，中视频创作者发布的视频可以是分享美食教程为主，或者是以介绍美食为主，如图 7-9 所示。

图 7-9 关于美食制作的中视频

7.2.4 幽默搞笑氛围轻松

幽默搞笑类的内容一直都不缺观众。许多用户之所以经常刷中视频，主要是因为有很多中视频内容能够让人心情愉悦。

图 7-10 所示，为西瓜视频平台某中视频创作者拍摄的一系列搞笑的短剧，视频中呈现的是车主与两位碰瓷者的对话。对话中两位碰瓷者一口方言显得异常诙谐幽默，本想让这对夫妻赔钱，沟通过后却发现这辆车不是这对夫妻的，这意料之外的反转简直让人忍俊不禁。

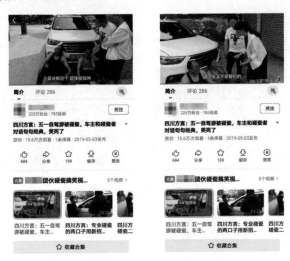

图 7-10　幽默搞笑型的中视频

当然，除了这些搞笑短剧类的中视频内容之外，一些中视频创作者还会收集一些搞笑的素材，并把这些素材整合在一起，制作成一个视频，如图 7-11 所示。

图 7-11　幽默搞笑型的中视频

7.2.5 传授知识传达价值

　　知识输出类的中视频在各视频平台上都是比较受欢迎的，试想如果用户看完你的某中视频之后，能够获得一些知识，而且这些知识对他（她）们来说是非常实用的，那他（她）们为什么不关注你呢？所以，中视频创作者可以发布一些知识类的视频来吸引流量。图 7-12 所示，为某科普类中视频创作者所发布的一些传授知识的中视频内容。

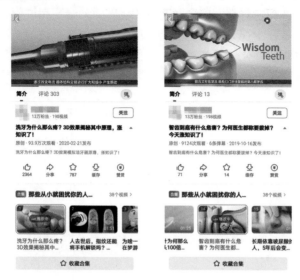

图 7-12　一些科普创作者发布的中视频内容

7.3　让视频传播更快的技巧

　　中视频创作者在制作视频内容时，除了主题方面要有特色外，还应该注意一些细节，从大家喜欢的内容形式出发来打造爆款内容，进而推动中视频内容在视频平台传播。本小节就从 4 个方面出发，介绍促进中视频内容推广的技巧。

7.3.1 贴近真实生活

　　中视频创作者和用户都是处于一定社会环境中的人，一般都会对生活有着莫名的亲近和深刻的感悟。因此，中视频创作者在制作中视频内容时，首先要注意贴近生活，这样才能接地气，引起用户关注。具体来说，贴近人们的真实生活，有利于帮助人们解决平时遇到的一些问题，或者可以让人们了解生活中的一些常识。所以，大多数用户看到这一类中视频时，都会基于生活的需要而忍不住点击观看视频。

7.3.2 第一人称叙述

在日常生活中，人们总是相信亲身实践、亲眼所见和亲耳所听的事情，即使那不是真正的事实。

中视频内容虽然相较于软文、语音内容来说更具真实感，但如果中视频创作者在视频内容中多增加亲身实践、亲眼所见和亲耳所听的"第一人称"的叙述和说明，就更能为视频内容增加真实感，也更能引导用户去关注自己。特别是中视频创作者通过中视频内容来推广企业产品和品牌时，会更有说服力。

其实，创作者在中视频内容中使用"第一人称"来叙述某些事物，目的就是打造一个有着鲜明个性化特征的角色，这也是让视频更具有现场感的关键步骤。关于中视频中的"第一人称"表达方式，具体分析如图7-13所示。

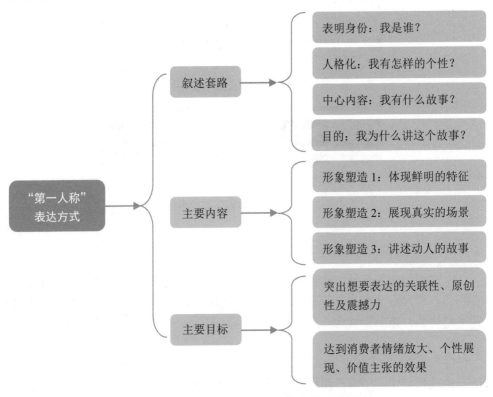

图7-13 中视频中"第一人称"表达方式分析

可见，中视频创作者使用"第一人称"表达方式来打造中视频内容，不仅有利于构建人格化形象，还可以通过真人出演来提升信服感，特别是在有流量的明星、达人参与的情况下，其关注度将会更高，传播效果也会更好。因此，中视频创作者可以多使用这一方法来推广中视频内容。

7.3.3 关注热门内容

人们在观看中视频时，考虑是否观看该视频的时间往往很短。因此，中视频创作者要做的就是让用户在一瞬间做好留下来观看视频的决定。而要做到这一点，借助热门内容的流量并引起用户共鸣就显得尤为重要。那么，中视频创作者应该如何做到这一点呢？

在笔者看来，中视频创作者应该从两个方面着手：一方面是寻找用户关注的热门内容，这也是创作者推广和传播中视频时必要的方法和策略。另一方面，中视频创作者可以利用中视频 App 上的一些能快速、有效获取流量的活动或话题，参与其中进行推广，这样也能增加中视频内容的曝光度和展示量。

关于推广中视频的热点的寻找，可以利用的平台和渠道还是很多的，且各个平台又可通过不同渠道来寻找。例如，在抖音平台上，中视频创作者就可以通过以下 4 个渠道洞察用户喜欢的热点内容，如图 7-14 所示。

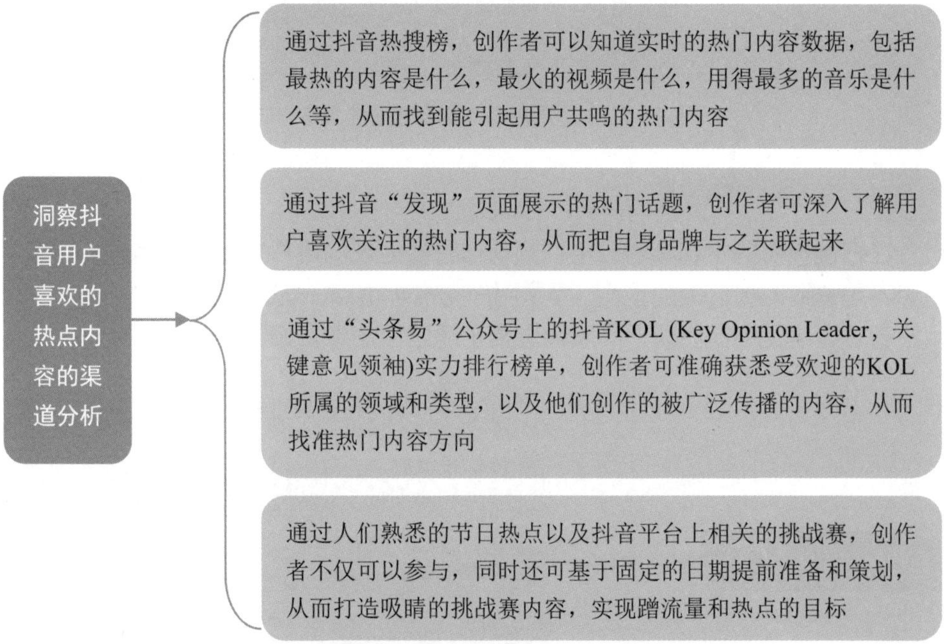

洞察抖音用户喜欢的热点内容的渠道分析	通过抖音热搜榜，创作者可以知道实时的热门内容数据，包括最热的内容是什么，最火的视频是什么，用得最多的音乐是什么等，从而找到能引起用户共鸣的热门内容
	通过抖音"发现"页面展示的热门话题，创作者可深入了解用户喜欢关注的热门内容，从而把自身品牌与之关联起来
	通过"头条易"公众号上的抖音KOL (Key Opinion Leader，关键意见领袖)实力排行榜单，创作者可准确获悉受欢迎的KOL所属的领域和类型，以及他们创作的被广泛传播的内容，从而找准热门内容方向
	通过人们熟悉的节日热点以及抖音平台上相关的挑战赛，创作者不仅可以参与，同时还可基于固定的日期提前准备和策划，从而打造吸睛的挑战赛内容，实现蹭流量和热点的目标

图 7-14 洞察抖音用户喜欢的热点内容的渠道分析

当然，在寻找热门内容之前，中视频创作者应该有一个大体的方向，也就是要有一个衡量标准——哪些内容更有可能让用户喜欢关注和乐于传播，这样才能让自己制作出的中视频内容在引起用户共鸣方面产生作用，进而大火。那么，中视频创作者要怎样在中视频内容方面把握好方向呢？

其实，用户感兴趣的内容可能有很多，且不同用户的兴趣点和情绪点也会不同，因而可选择的方向还是很多的。但是，中视频创作者要想快速地实现运营推广目标，选择以下 4 类内容中的热门内容较为合适，如图 7-15 所示。

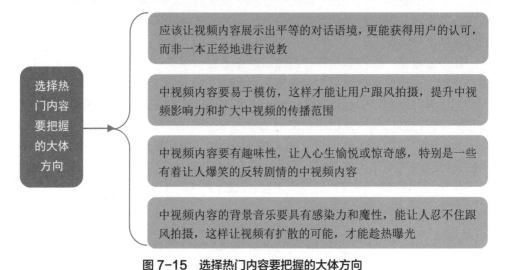

图 7-15　选择热门内容要把握的大体方向

7.3.4　讲述共鸣故事

在打造优质的中视频时，中视频创作者要尽量向用户传达重点信息，这里的重点不是营销人员认为的重点，而是用户的需求重点。以销售产品的中视频为例，用户在观看这类中视频时，一般会想要了解以下信息，如图 7-16 所示。

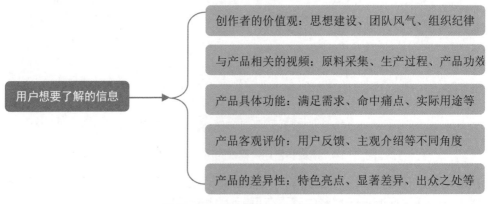

图 7-16　用户想要了解的信息

因此，创作者在中视频中传递这些信息内容时，为了避免让用户产生抗拒和厌烦心理，可以采取讲故事的形式来进行展示。讲故事的方式不同于单调呆板的介绍，它能够很好地吸引住用户的注意力，让用户产生情感共鸣，从而更加愿意接受中视频内容中传达的信息。而且，中视频创作者所讲的故事可以与企业、产品和用户密切相关。

因此，中视频创作者想要打造出受人欢迎和追捧的中视频，就应该从各个角度考虑、分析如何更好地用讲故事的方式来表达。同理，如果创作者的中视频内容是帮助企业做推广，要想让内容达到更广泛的传播效果，也可以利用讲故事的方式来打造视频内容，具体如图 7-17 所示。

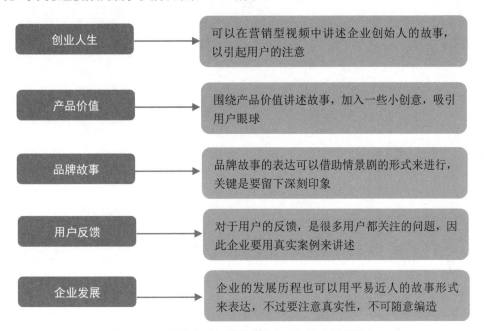

图 7-17 做推广时用讲故事的方式打造中视频内容

第 8 章

策划文案吸引用户

大多数用户在观看中视频前，首先看到的是视频的标题和封面，然后才会看视频的具体内容。

因此，如果中视频创作者想让用户被视频所吸引，就要在视频的标题和封面上多费心思；如果还想提高视频的完播率，那么就需要掌握一些脚本编写、情节设计的技巧。

8.1 标题撰写简单精准

许多用户在观看一个中视频时，首先注意到的可能就是它的标题。因此，一个中视频的标题好不好，会对它的相关数据造成很大的影响。那么，中视频创作者要如何撰写出更好的中视频标题呢？本小节笔者就向大家介绍一些撰写标题的具体技巧。

8.1.1 标题撰写的要点

中视频标题创作要求创作者必须了解一定的写作标准，只有对标题撰写必备的要素熟练掌握，才能更好、更快地撰写出更好的标题，达到吸引用户观看视频的效果。所以中视频创作者在构思视频标题前，还需要注意一些撰写标题的要点。

1. 注意标题撰写原则

中视频创作者在评估一个视频标题的好坏时，不仅仅要看它是否有吸引力，还需要参照其他的一些原则，这些原则具体如下。

1) 换位原则

中视频创作者在拟定文案标题时，不能只站在自己的角度去想要推出什么样的标题，更要站在受众的角度去思考问题。也就是说，各创作者可以将自己当成观看视频的用户，然后思考如果自己想观看某一类的视频，会用什么关键词来搜索这一类的视频，只有这样，创作者写出来的文案标题才会更接近用户的心理需求。

因此，创作者在拟写标题前，可以先尝试在浏览器中输入一些关键词进行搜索，然后从排名靠前的标题文案中找出这些标题的写作规律，再将这些规律用在自己的文案标题中。

2) 新颖原则

如果中视频创作者想要让自己的文案标题形式变得新颖，可以采用多种方法。针对这一点，笔者总结了 3 个技巧，具体内容如图 8-1 所示。

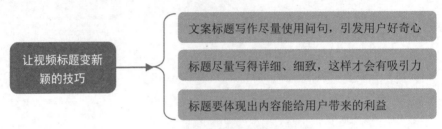

图 8-1 让视频标题变新颖的技巧

3) 关键词组合原则

一般来说，能获得高流量的文案标题，大多数都是多个关键词组合之后的标题。这是因为只有单个关键词，标题的排名影响力远远不如有多个关键词的标题。

例如，如果中视频创作者仅在视频标题中嵌入"面膜"这一个关键词，那么用户在搜索时，只有搜索"面膜"这一个关键词，才有可能找到该创作者的视频；而标题上如果含有"面膜""变美""年轻"等多个关键词，那么用户搜索其中任意的关键词时，就有可能找到带有这几个关键词的标题了。

2. 利用词根增加曝光

进行文案标题编写的时候，中视频创作者需要充分考虑怎样去吸引目标用户关注。而要实现这一目标，创作者就需要从关键词着手，在标题中多加关键词，并考虑该关键词是否含有词根。

词根指的是词语的组成根本，只要有词根，我们就可以组成不同的词。创作者只有在标题中加入有词根的关键词，才能将文案标题的搜索度提高。

例如，一个中视频的标题为"十分钟教你快速学会手机摄影"，在这个标题中，"手机摄影"就是关键词，"摄影"就是词根。根据词根我们可以写出更多的与摄影相关的标题。用户一般会根据词根去搜索视频，只要你的中视频标题包含了该词根，就很有可能被用户搜索到。

3. 注意凸显内容主旨

俗话说："题好一半文。"它的意思就是说，一个好的标题就等于视频文案成功了一半。衡量一个标题好坏的标准有很多，而标题是否体现视频的主旨就是衡量标题好坏的一个主要参考依据。

如果一个中视频标题不能够让用户看见它的第一眼就明白其想要表达的内容，让用户判断出该视频是否具有点击查看的价值，那么用户便很有可能会放弃观看这个视频的内容。

8.1.2 常用的吸睛标题

了解了标题撰写的要点之后，接下来笔者就具体介绍一些常见的吸睛标题，以帮助大家了解利用什么表达方式去设置标题。

1. 价值传达型标题

价值传达型标题是指创作者向观看视频的用户传递一种只要查看了中视频之后，就可以掌握某些技巧或者知识的标题类型。这种类型的标题之所以能够引起受众的注意，是因为其抓住了人们想要从视频中获取实际利益的心理。

大多数观看中视频的用户都带有一定的目的，他们往往会希望中视频含有一些有用的信息，比如生活技巧、学科知识等，能够让自己从视频中学到有用的知识。因此，价值表达型标题的魅力是不可阻挡的。

那么，中视频创作者要如何撰写出传达价值的标题呢？针对这一点，笔者将其经验技巧总结为 3 点，如图 8-2 所示。

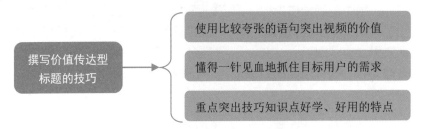

图 8-2　撰写价值传达型标题的技巧

值得注意的是，中视频创作者在撰写价值传达型标题时，不要提供虚假或夸张的信息，比如"一分钟一定能够学会 XX""三大秘诀包你 XX"等。价值传达型标题虽然添加夸张的成分在其中，但各中视频创作者要把握好度，有底线、有原则。

价值传达型标题通常会出现在技术类的视频之中，目的是传递视频内容所能给用户带来的价值。图 8-3 所示，为价值传达型标题的典型案例。

图 8-3　价值传达型标题的案例

2. 励志鼓舞型标题

励志鼓舞型标题较为显著的特点就是"现身说法"，一般是通过第一人称的方式讲故事，故事的内容包罗万象，其内容与成功、方法、教训以及经验等有很大关联。

如今很多人都想致富，却苦于没有致富的方法。如果这个时候给他们看励志鼓舞型的中视频，让他们知道某些成功人士是怎样打破枷锁、走上人生巅峰的，他们就很有可能对带有这类标题的内容感到好奇，因此这样的标题结构就会看起来具有独特的吸引力。励志鼓舞型标题模板主要有两种，如图 8-4 所示。

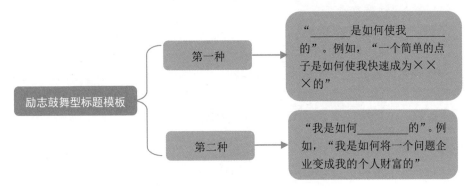

图 8-4　励志鼓舞型标题的两种模板

励志鼓舞型标题的好处在于鼓舞性强，容易制造一种鼓舞人心的感觉，勾起中视频用户观看的欲望，从而提升中视频的完播率。

那么，打造励志鼓舞型标题是不是单单依靠模板就好了呢？答案是否定的，模板固然可以借鉴，但在实际的操作中，还是要根据内容的不同而研究特定的励志型标题。总的来说，打造励志鼓舞型标题的技巧有 3 种，如图 8-5 所示。

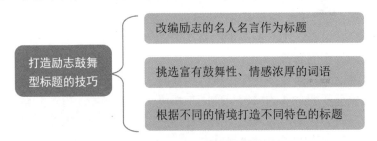

图 8-5　打造励志鼓舞型标题的技巧

一个成功的励志型标题不仅能够带动受众的情绪，而且还能促使用户对中视频内容产生极大的兴趣。励志鼓舞型标题一方面是利用用户想要获得成功的心理，另一方面则是巧妙掌握了情感共鸣的精髓，通过带有励志色彩的字眼来引起受众的情感共鸣，从而成功吸引受众的眼球。

3. 揭露解密型标题

揭露解密型标题是指为用户揭露某件事的秘密的一种标题类型。大部分用户都会有一定的好奇心和八卦心理，而这种标题则恰好可以抓住这些用户的心理，从而给用户传递一种莫名的兴奋感，快速引起用户对视频内容的兴趣。

创作者可以利用揭露解密型标题制作一个长期的专题，从而达到在一段时间内或者长期凝聚中视频用户的目的。而且，这种类型的标题一般比较容易打造，创作者只需把握以下 3 大要点即可。

(1) 清楚表达事实真相。

(2) 突出展示真相的重要性。

(3) 运用夸张、显眼的词语。

中视频创作者在撰写揭露解密型标题时，要尽量在标题之中显示出冲突性和巨大的反差，这样可以有效吸引中视频用户的注意力，使用户认识到该中视频内容的重要性，从而愿意主动点击观看该中视频。

8.1.3 爆款标题撰写技巧

中视频创作者想要撰写出爆款视频标题，还需掌握一些撰写爆款中视频标题的技巧。下面笔者就向大家介绍 5 个打造爆款视频标题的具体技巧。

1. 学会控制字数

部分中视频创作者为了在标题中将视频的内容具体化，会把标题写得很长。那么，是不是标题越长就越好呢？笔者认为，在制作中视频的标题时，创作者应该将字数控制在一定范围内。

这是因为不同型号的智能手机一行显示的字数是不一样的。一些图文信息在自己手机里看着是一行，但在其他型号的手机里可能就是两行了，在这种情况下，如果视频的标题过长，那么标题中的某些关键信息就有可能被隐藏起来，这不利于用户对视频内容的解读。

因此，中视频创作者在制作标题的内容时，要在重点内容和关键词的选择上有所取舍，只需要把主要的内容呈现出来即可。标题本身就是对文案内容精华的提炼，字数过长会显得不够精练，也会让用户丧失查看视频内容的兴趣，所以将标题字数控制在适当的长度才是最好的。

当然，有时候创作者也能够借助标题中的详细描述来勾起用户的好奇心，让用户想了解那些没有写出来的内容是什么，这需要创作者在撰写标题时，把握好引起用户好奇心的关键点。

2. 用语尽量简洁

越是简短的句子，越容易被人接受和记住，中视频创作者在撰写中视频标题时，要注意语言简洁。创作者撰写文案标题的目的就是要让用户更快地被标题吸引，进而点击查看中视频内容，提高中视频的播放量。这就要求中视频创作者撰写中视频标题时，要在最短的时间内吸引中视频用户的注意力。

如果中视频标题中的用语重复且过于冗长，就会让很多用户失去观看视频的耐心。所以，创作者在撰写简短标题时，需要把握好两点，即用词精练、用句简短，切忌标题成分过于复杂。

同时，语言简洁的标题因其本身简短的形式和清晰的组成成分，能让用户在阅读视频标题时，不会产生疲劳感。因此，中视频创作者在撰写中视频标题时，要注意句子结构的精练和简单化，以此来提高中视频和中视频标题的曝光率。

3. 陈述形象通俗

观看中视频内容的用户群体比较广泛，其中便包含了一部分文化水平不是很高的人群。因此，中视频标题在语言上的要求是形象化和通俗化。从通俗化的角度而言，就是创作者要尽量拒绝华丽的辞藻和不实用的描述，照顾绝大多数中视频用户的语言理解能力，利用通俗易懂的语言来撰写标题。具体来说，为了实现中视频标题的通俗化，中视频创作者可以重点从 3 个方面着手。

(1) 尽量长话短说。

(2) 避免使用华丽的辞藻来修饰标题，少用比喻句。

(3) 在标题中多添加生活化的元素。

其中，添加生活化的元素是一种常用的使标题通俗化的方法，也是一种行之有效的营销宣传方法。利用这种方法，中视频创作者可以把专业性的、不易理解的词汇和道理通过生活元素形象、通俗地表达出来。否则，一些想要通过观看中视频学习某领域专业知识的用户，看到专业性过强或者太过复杂的标题时，就会望而却步，选择略过对应的中视频。这样一来，中视频的播放量等数据就难以得到保障了。

4. 考虑搜索习惯

中视频创作者在撰写文案标题的时候，还要注意考虑用户的搜索习惯，也就是需要注意遵循撰写标题的换位原则。如果创作者一味地按照自己的想法来构思标题，而不结合用户的实际情况的话，无疑是闭门造车。通常来说，用户通过关键词搜索的内容可分为两类，即资源类和实用类。下面笔者分别对这两个类别的内容进行分析。

1) 资源类

"资源类"是指一些用户在没有明确目标之下，想通过搜索来找到某一类事物的情况，比如搜索"热门音乐""热门小说"或者"高分电影"等。

2) 实用类

"实用类"是用户想要解决生活中的某一问题而产生的搜索行为，例如，"如何做可乐鸡翅""衬衣怎么洗才不会发皱""84消毒液和洁厕灵为何不能同时使用"等一些知识类的视频内容。由此可见，大多数用户在使用搜索功能的时候，目的不一样，其搜索的类型也会不一样。所以，中视频创作者在撰写文案标题的时候要注意研究用户的搜索类型，掌握其搜索规律和搜索习惯，有针对性地进行标题撰写。

5. 体现出实用性

中视频创作者在撰写视频标题时，目的是让用户了解中视频的大概内容，从而让用户能获得某些方面的实用性知识，或者是得到某些具有价值的启示。因此，为了提升中视频的点击量，创作者在进行标题设置时，应该对视频内容的实用性进行展现，以此吸引用户的眼球。

这些展现实用性的视频标题，一般多出现在专业的或与生活常识相关的视频中。例如，一些创作者在分享摄影技术的视频时，就会在标题中将其实用性展示出来，让用户能够快速了解这个视频的内容和目的是什么，如图8-6所示。

图 8-6　创作者利用标题展示视频的实用性

8.2　封面设计抓人眼球

用户看到一个中视频时，首先看到的不仅仅是标题，还会看到该视频的封面。因此，对于中视频创作者来说，设计一个抓人眼球的视频封面非常重要，毕竟只有将视频的封面设置好了，才能吸引更多用户点击查看你的中视频内容。本小节笔者就来详细介绍封面的选取技巧，以及选取封面时需要规避的事项。

8.2.1　选取封面，要求严苛

那么，创作者要如何为中视频选择较佳的封面呢？笔者认为大家重点可从以下两个方面来进行。

1. 根据内容关联性选择

如果将一个中视频比作一篇文章，那么中视频的封面就相当于是文章的标题。所以，创作者在选择中视频封面时，一定要考虑封面与中视频内容的关联性。如果你的封面与中视频内容的关联性太弱了，一些用户看完中视频之后，很容易就会产生不满情绪，甚至会觉得你是用封面做噱头吸引自己观看视频。

2. 根据账号风格选择

一些中视频账号在经过一段时间的运营之后，在视频封面的选择上很可能已经形成了自身的风格特色，而且大多数观看这个账号内容的用户很可能也接受了这种风格特色，甚至部分用户可能很喜欢这样的封面风格。而在用户已经适应原有风格的情况下，中视频创作者在选择视频封面时，就可以延续自身的风格特色，根据账号以往的风格特色来选择封面。

例如，我们观察西瓜视频某知名创作人所发布的中视频，可以发现他的视频封面已经形成了一种特有的风格，那就是几乎每个视频的封面都是以他的成品展示和一些简短的文字组成，如图 8-7 所示。

图 8-7　某知名创作者的中视频封面

8.2.2 注意事项，必须规避

中视频创作者在选取或制作中视频封面的过程中，还有一些需要特别注意的事项，具体内容如下。

1. 使用原创封面

各大视频平台对于原创内容都是予以保护的，视频的封面也一样。这是一个越来越注重原创的时代，无论是中视频的内容，还是中视频的封面，都应该尽可能地体现原创性。因为大多数用户每天接收到的信息非常多，对于重复出现的内容，大多数用户都不会太感兴趣。

所以，如果你的中视频封面不是原创的，那么一些用户就很可能会根据视频封面来判断自己已经观看过该内容了。其实，要做到使用原创中视频封面这一点很简单。绝大多数创作者拍摄或上传的中视频内容都是自己制作的，中视频创作者只需从视频内容中随意选择一个画面作为中视频封面，基本上就能保证中视频封面的原创性了。

2. 合理运用文字

中视频创作者在制作封面的过程中，如果文字说明运用得好，就能起到画龙点睛的作用。但是，大多数中视频创作者在运用文字的时候还存在以下两方面的问题。

(1) 文字说明使用过多，导致封面上文字信息占据了很大的版面。这种文字说明方式运用在视频封面上，不仅会增加用户阅读文字信息的时间，而且文字说明已经包含了中视频所要展示的全部内容，用户看完封面之后，甚至都没有必要再去观看该中视频的具体内容了。

(2) 在视频封面中不使用文字说明。这种封面的制作方式虽然更能保持画面的美观，但是这会让许多用户看到视频封面之后，不能准确地判断这个中视频的具体内容是什么。

图 8-8 所示，为某快手账号的部分中视频封面，该创作者在文字说明的运用上就做得很好。这个账号以分享美食教程为主，所以它的视频封面基本上只有菜品的名字。这样一来，用户只需要看封面上的文字，便能迅速判断这个视频的具体内容了。

图 8-8 文字说明运用得当的中视频封面

3. 展现视频看点

许多中视频创作者在制作视频封面时，会直接从中视频中选取一个画面作为中视频的封面。这部分中视频创作者需要特别注意一点，那就是不同景别的画面，显示的效果有很大的不同。中视频创作者在选择中视频封面时，应该选择展现视频看点的景别，让中视频用户能够快速把握内容重点。

4. 封面构图方式

同样的主体，以不同的构图方式拍摄出来，其呈现的效果可能就会存在较大的差异。对于中视频创作者来说，一个具有美感的中视频封面无疑是更能吸引用户的目光的。因此，在制作中视频封面时，中视频创作者应选用合适的构图方式呈现主体，让中视频的画面更具美感。具体来说，创作者在制作封面图时，需要注意以下两点。

(1) 视频的封面不能呈现太多事物。视频封面所呈现的事物太多，容易让人眼花缭乱，难以把握具体的主体，而且整个封面看上去也会毫无美感。针对这一问题，创作者可以用特写的方式来展示视频内容所要呈现的主体。

(2) 除了封面中事物的数量之外，创作者在构图时还需要选择合适的角度。如果角度选择不好，视频的封面就会显得不太美观。

5. 强化封面色彩

人是一种视觉动物，越是鲜艳的色彩，通常就越容易吸引人的目光。因此，中视频创作者在制作中视频封面时，应尽可能地让物体颜色更好地呈现出来，让整个中视频封面的视觉效果更强一些。图 8-9 所示，为两个不同视频的封面，我们仔细观察这两个封面，可以发现右侧视频封面的色彩更鲜艳一些，而且视觉效果也更好。

图 8-9　两个不同中视频的封面

8.3 脚本编写思路清晰

中视频脚本的编写是有技巧的，如果中视频创作者掌握了脚本编写的技巧，那么根据编写的脚本制作的中视频就能够获得较为可观的播放量。其中，优质的中视频播放量甚至可以达到 10W ＋。那么，中视频创作者要如何编写脚本呢？本小节笔者就结合自身经历向大家分享一些编写脚本的经验。

8.3.1 视频脚本的类型

视频脚本大致可以分为 3 大类型，每种类型各有优缺点。中视频创作者在脚本编写的过程中，只需根据自身情况，选择相对合适的脚本类型来编写脚本即可。接下来，笔者就来对中视频脚本的 3 大类型进行简单的说明。

1. 拍摄大纲脚本

拍摄大纲脚本就是将需要拍摄的要点一一列出，并据此编写一个简单的脚本。这种脚本的优势就在于，能够让中视频创作者更好地把握拍摄的要点，让中视频的拍摄具有较强的针对性。

通常来说，拍摄大纲类脚本比较适用于带有不确定性因素的新闻纪录片类的视频，以及场景难以预先进行分镜头处理的故事片类的视频中。如果中视频创作者需要拍摄的视频内容没有太多的不确定性因素，那么这种脚本类型就不太适用了。

2. 分镜头脚本

分镜头脚本就是指将一个中视频分为若干个具体的镜头，并针对每个镜头安排内容的一种脚本类型。这种脚本的编写比较细致，它要求每个镜头都要规划具体的内容，包括镜头的时长、景别、画面内容和音效等。

通常来说，分镜头脚本比较适用于一些内容已经确定的视频中，例如一些故事性较强的视频。内容具有不确定性的中视频，则不适合使用这种脚本类型，因为在内容不确定的情况下，分镜头的具体内容是无法确定下来的。

3. 文学脚本

文学脚本就是将小说或各种小故事进行改编，并以镜头语言的方式来进行呈现的一种脚本形式。与一般的剧本不同，文学脚本并不会具体指明演出者的台词，而是将视频中人物所需要完成的任务安排下去。

通常来说，文学脚本比较适用于拍摄改编自小说或小故事的视频中，以及一些拍摄思路可以控制的视频中。也正是因为拍摄思路得到了控制，所以按照这种脚本拍摄中视频的效率也比较高。

8.3.2　编写脚本的步骤

中视频创作者在编写脚本时，可以按照步骤来进行。下面笔者就总结出几个编写脚本的步骤，以为中视频创作者提供参考。

1. 确定视频整体思路

在编写脚本之前，中视频创作者还需要做好一些前期的准备，确定视频的整体内容和思路，具体内容如下。

(1)拍摄的内容。每个中视频都应该有明确的主题，以及为主题所服务的内容。而要明确中视频的内容，创作者就需要在编写脚本时，先将拍摄的内容确定下来，列入脚本中。

(2)拍摄的时间。如果中视频的拍摄过程涉及的人员比较多，创作者就需要先确定拍摄的时间，以确保中视频的拍摄工作能正常进行。另外，有的中视频内容可能对拍摄时间有一定的要求，创作者在制作这一类中视频时，也需要先把拍摄的时间确定下来。

(3)拍摄的地点。许多中视频对于拍摄地点都有一定的要求，所以创作者在编写脚本前就要把拍摄的地点定下来。

(4)使用的背景音乐。背景音乐是中视频内容的重要组成部分，如果背景音乐用得好，就可以成为中视频内容的点睛之笔。

2. 确定脚本架构

中视频脚本的编写是一个系统工程，一个脚本从空白到完成整体构建，需要经过 3 个步骤，具体如下。

1) 步骤 1：确定主题

确定主题是中视频脚本创作的第一步，也是关键的一步。因为只有主题确定了，中视频创作者才能围绕主题策划脚本内容，并在此基础上将符合主题的重点内容有针对性地展示给核心的目标群体。

2) 步骤 2：构建框架

主题确定之后，中视频创作者接下来需要做的就是构建一个相对完整的脚本框架。例如，中视频创作者可以从什么人，在什么时间、什么地点，做了什么事，造成了什么影响等角度，勾勒出中视频内容的大体框架。

3) 步骤 3：完善细节

内容框架构建完成后，中视频创作者还需要在脚本中对一些重点的内容细节进行完善，让整个脚本内容更加具体化。

例如，中视频创作者在脚本编写的过程中，可以对中视频中将要出镜的人员的穿着、性格特征和特色化语言进行策划，让人物形象更加形象和立体化。

3. 详细策划剧情

剧情策划是脚本编写过程中需要重点把握的内容。在策划剧情的过程中，中视频创作者需要从两个方面做好详细的设定，即人物设定和场景设定。

1）人物设定

人物设定的关键就在于通过人物的台词、情绪的变化、性格的塑造等来构建一个立体化的形象，让中视频用户看完视频之后，就对视频中的相关人物留下深刻的印象。除此之外，成功的人物设定，还能让中视频用户通过人物的表现，对人物面临的相关情况更加地感同身受。

2）场景设定

场景的设定不仅能够对中视频内容起到渲染作用，还能让中视频的画面更加具有美感、更能吸引中视频用户的关注。具体来说，中视频创作者在编写脚本时，可以根据中视频主题的需求，对场景进行具体的设定。例如，创作者要制作宣传厨具的中视频内容，便可以在编写脚本时，把场景设定在一个厨房中。

4. 撰写人物对话

在中视频中，人物对话主要包括视频内容中的旁白和人物的台词。视频中人物的对话，不仅对剧情起到推动作用，还能显示出人物的性格特征。例如，创作者要打造一个勤俭持家的人物形象，就可以设计该人物与其他人讨价还价的情景，并在对话内容中突出其勤俭持家的性格特征。

因此，中视频创作者在编写脚本时，需要对人物对话多一分重视，一定要结合人物的形象来设计对话。

8.3.3 编写脚本的禁区

一个优质的视频对中视频创作者编写脚本的能力是有一定的要求的，所以不少中视频创作者在编写视频脚本时，往往因为没有把握住脚本编写的重点，而导致视频的浏览量不太理想。下面笔者就盘点一下创作者在编写视频脚本的过程中，需要注意的重要事项。

1. 中心不明确

有的中视频创作者在脚本编写时，喜欢兜圈子，可以用一句话表达的意思非要反复强调，按照这样的脚本所打造出的视频，内容可看性会大大降低。

此外，如果一些创作者所制作的是品牌定制化的视频内容，那么视频文案的目的就是推广产品，所以创作者在编写视频脚本时，就应当有明确的主题和内容焦点。相反，如果中视频创作者在编写脚本时偏离主题和中心，乱侃一通，导致用户看完视频后一头雾水，就会使视频的营销力度大打折扣。

2. 求全不求精

中视频脚本文案写作无须很多特点，只需要有一个亮点即可，这样视频的文案才不会显得杂乱无章，并且更能扣住核心。如今，很多中视频创作者在利用视频传达某一信息时，毫无亮点，这样的中视频文案内容其实根本就没有太大的价值，并且这样的文案内容较多，往往会导致视频的可看性大大降低。

不管是怎样的文案，中视频创作者都需要选取一个细小的点来展开脉络，通过一个亮点将内容的主题聚合起来，形成一个价值性强的文案。因此，中视频创作者在编写脚本的过程中，要找到产品或内容中突出的亮点，然后围绕这个亮点来打造文案。

3. 不能长期坚持

中视频文案营销是一个长期的过程，所以创作者在做中视频营销的过程中不能"三天打鱼，两天晒网"，而应该坚持脚本的编写和视频的制作，通过长期的运营，获得更多用户的关注。

8.4　情节设计脑洞够大

情节是中视频内容的重要组成部分。许多用户之所以喜欢观看中视频，主要原因就是许多中视频的情节设计得足够吸引人。

那么要如何进行中视频情节的设计呢？笔者认为中视频创作者需要大开脑洞，并培养善于挖掘热梗的能力。具体来说，中视频创作者可以重点从故事剧本设计和抓住用户的心理这两个方面来进行思考。

8.4.1　设计戏剧性情节

相比于一般的中视频，那些带有情节的故事类视频往往更能吸引中视频用户的目光，让用户有兴趣看完整个视频。当然，绝大多数视频的情节都是设计出来的，那么，如何通过设计，让视频的情节更具有戏剧性、更能吸引用户的目光呢？下面笔者就来给大家介绍设计戏剧性情节的 5 种方法。

1. 设计"反转"

如果大多数用户看到视频的开头，就能猜到故事的结尾，那么用户就会觉得这样的视频没有可看性。相比于这种看了开头就能猜到结尾的视频，那些设计了"反转"剧情的视频内容，则能够打破人们的惯性思维，让人觉得眼前一亮。

图 8-10 所示，该视频描述了狼在雪中咆哮的过程，展示了狼生性孤傲的一面，给用户营造了一种狼很勇猛且孤傲的感觉后，视频便切换到了狼挖洞、在洞内躲雪时的画面，给用户一种"反差萌"的感觉。

图 8-10　"反转"剧情的视频内容

从图 8-10 中我们可以看到该视频的点赞量很高，而且评论也很多，主要是因为这个视频的创作者设计了"反转"的剧情，使用户看完视频之后，觉得剧情让人措手不及、意想不到，内容安排十分巧妙。

2. 搞笑幽默

许多用户之所以喜欢观看中视频，就是希望从视频中获得快乐，所以我们可以发现，一些剧情幽默的视频点赞量往往很高。基于这一点，中视频创作者要能写段子，通过幽默搞笑的剧情，让用户从视频中获得快乐。

3. 剧情狗血

在中视频剧情的设计过程中，中视频创作者可以适当地运用一些套路，更高效地制作视频内容。中视频剧情设计的套路有很多，其中比较具有代表性的一种就是设计狗血剧情。

狗血剧情，简单地理解，就是被反复模仿翻拍、受众司空见惯的剧情。虽然这种剧情的重复率通常很高，但是，既然它能一直存在，就说明它还是能够为许多人接受的。而且有的狗血剧情在经过一定的设计之后，往往也可以让用户觉得别有一番风味，甚至能让用户觉得很幽默搞笑。

因此，设计狗血剧情这种视频情节设计的套路，有时对于中视频创作者来说也不失为一种不错的选择。例如，某中视频《生活对我下手了》就以狗血且幽默的剧情吸引了许多用户的注意力。

4. 紧跟热点

为什么许多人都喜欢看各种新闻？这并不一定是因为看新闻非常有趣，而是因为大家能够从新闻中获取时事信息。基于这一点，中视频创作者在制作视频的过程中，可以适当地加入一些网络热点资讯，以满足用户获取时事信息的需求。

例如，四川理塘一个小伙子在网络上爆红后，许多网友对他走红的原因有很多争议，于是某中视频创作者专门制作了一期视频，在该视频的内容中，创作者向用户详细分析了其背后走红的原因，获得了很高的点赞量和评论量，如图 8-11 所示。

图 8-11　结合网络热点资讯的中视频内容

由此可见，这种结合网络热点资讯所打造的中视频内容，推出之后不仅能迅速获得部分用户的关注，还能够引发用户的讨论。其原因主要有两个方面：一方面中视频用户需要获得有关的热点资讯；另一方面，如果这些视频与热点资讯有相关性，那么用户在看到这些视频时，也会更有点击观看的兴趣。

5. 结合娱乐新闻

一些娱乐性的新闻，特别是关于明星和名人的消息，一经发布往往就能快速吸引许多人的关注。基于这一点，中视频创作者在制作视频的过程中，可以适当结合明星和名人的花边消息打造视频剧情，甚至可以直接制作一个完整的视频对该花边消息的相关内容进行具体的解读。

例如，抖音某中视频账号便以解读明星的花边新闻获得了 400 多万用户的关注，该账号所发布的内容几乎都与娱乐性的新闻有关，而且垂直性很高，其所发布的"蹭明星热度系列"视频合集的观看量就达到了 2 亿次，如图 8-12 所示。

图 8-12　与娱乐性新闻有关的中视频

8.4.2　抓住用户心理提高观看量

中视频创作者要想让自己的视频吸引用户的目光，就要知道用户想的是什么，只有抓住用户的心理才能提高视频的浏览量。下面笔者将从用户的心理出发，通过满足用户的特定需求来提高视频的吸引力。

1. 满足用户猎奇心理

一般来说，大部分人对那些未知的、刺激性强的东西都会有一种想要去探索、了解的欲望。所以中视频创作者在制作视频的时候就可以抓住用户的这一特点，让视频内容充满神秘感，从而满足用户的猎奇心理，这样就能够获得更多用户的关注，关注的人越多，视频被转发的次数就会越多。

这种能满足用户猎奇心理的视频文案标题，通常都带有一点儿神秘感，让人觉得看了视频之后就可以了解事情的真相。

能够满足用户猎奇心理的视频文案标题中常常会设下悬念，用以引起用户的注意和兴趣。又或者是视频文案标题里面所出现的东西都是用户在日常生活中没见到过、没听说过的新奇的事情，只有这样，才会让用户在看到的视频标题之后，想要去查看视频的内容。

像这样具有猎奇性的视频其实并不一定就很稀奇，而是在视频制作的时候，抓住用户喜欢的视角或者是以用户好奇心比较大的视角来展开，这样展开的视频，用户在看到之后才会有想要查看视频具体内容的欲望和想法。

2. 满足用户学习心理

有一部分人在浏览网页、手机上的各种文章时，抱有可以通过浏览的内容学到一些有价值的东西、扩充自己的知识面、增加自己的技能等目的。因此，中视频运营者在制作视频的时候，就可以将这一因素考虑进去，让自己制作的视频内容给用户一种能够满足学习心理需求的感觉。

能满足用户学习心理的视频，在标题上就可以看出内容所蕴藏的价值，像这样能满足用户学习心理的中视频案例，如图8-13所示。

图 8-13　满足用户学习心理的中视频文案

用户平时在刷视频内容的时候并不是没有目的性的，他们在刷视频的时候往往是想要获得点儿什么。而这一类"学习型"的视频，就很好地为用户考虑到了这一点。

在中视频文案标题里面就体现出这个视频文案的学习价值，这样一来，当用户在看到这样的文案标题时，就会抱着"能够学到一定知识或是技巧"的心态来点击查看视频内容。

3. 满足用户感动心理

大部分人都是感性的，容易被情感所左右。这种感性不仅仅体现在真实的生活中，他们在看视频时也会倾注自己的感情。这也是很多人在看见有趣的视频会捧腹大笑、看见感人的视频会心生怜悯甚至不由自主落下泪水的原因。

一个成功的中视频文案，就需要做到能满足视频用户的感动心理需求，打动视频用户，引起视频用户的共鸣。

中视频文案要想激发用户的"感动"心理,就要做到精心选择那些容易打动用户的话题或者是内容。中视频用户对于一个东西很感动,往往是在这个东西身上看到了世界上美好的一面,或者是看到了自己的影子。人的情绪是很容易被调动的,喜、怒、哀、乐等这些情绪是人最基本,也是最容易被调动的情绪。只要中视频的制作者从人的内心情感或是从内心情绪出发,那么制作出的视频就很容易调动用户的情绪,从而激发用户查看视频内容的兴趣。

其实感动用户就是对用户进行心灵情感上的疏导或排解,从而达到让用户产生共鸣的效果。图 8-14 所示的中视频文案就是能满足用户感动心理需求的一种。

图 8-14　满足用户感动心理的中视频文案

4. 满足用户求抚慰心理

在这个车水马龙、物欲横流的社会,大部分人都为了自己的生活在努力奋斗着,漂流在异乡,他们与身边人的感情也都是淡淡的,生活中、工作上遇见的糟心事也无处诉说。渐渐地,很多人养成了从视频中寻求关注与安慰的习惯。

中视频是一个能包含很多东西的载体,它有其自身的很多特点,用户观看视频时,无须花费太多金钱,或者是无须花费过多脑力。因为中视频里面所包含的情绪大都能够包含众多人的普遍情况,所以大多数用户在遇到有心灵情感上的问题时,也更愿意去观看中视频来舒缓压力或是情绪。

现在很多点击量高的情感类中视频也就是抓住了用户的这一心理,通过能够感动用户的内容来提高视频的热度。许多用户想要在视频中寻求到一定的心灵抚慰，从而更好地投入到生活、学习或者是工作中。当他们看见那些传递温暖的视频、含有关怀意蕴的视频时，自身也会产生一种被温暖、被照顾、被关心的感觉。

因此，中视频创作者在制作视频文案的时候，便可多用一些能够温暖人心、给人关怀的内容，满足用户的求抚慰需求。能够满足用户求抚慰需求的视频，往往能够传递真正发自肺腑的情感。

图 8-15 所示，为抖音某账号发布的两个中视频，这两个视频的标题和视频的文案内容都满足了用户的求抚慰心理。

图 8-15　满足用户求抚慰心理的中视频文案

5. 满足用户消遣心理

人们在繁杂的工作或者是琐碎的生活当中，需要找到一点儿能够放松自己和调节自己情绪的东西，这时候就需要找一些所谓的"消遣"了。而那些能够使人们从生活、工作中暂时跳脱出来的，都是一些比较幽默搞笑的内容。

所以，中视频创作者也可以设计一些娱乐搞笑的故事情节，让用户观看视频后心情能变得好一些。在制作视频文案的时候，中视频创作者要从标题上让用户觉得很轻松，看到标题的趣味性和幽默性。

第 9 章

推广引流增加曝光

中视频创作者仅仅依靠视频平台的推荐，是无法保证中视频的观看量的。想要提高视频的观看量，就必须开展多渠道的引流工作，让自己的视频在多个平台上得到曝光。本章笔者就从内部引流、外部引流和私域引流 3 个方面向大家分享推广视频的方法。

9.1 内部引流

视频平台作为中视频传播过程中的关键要素，能够推动中视频行业的发展，帮助优质的内容实现推广引流。本小节笔者将从内部引流出发，为大家介绍矩阵引流、互推引流、热搜引流和社群引流的相关技巧。

9.1.1 矩阵引流

矩阵引流是指中视频创作者通过同时做不同类型和定位的账号运营，来打造一个稳定的粉丝流量池。简单地说，就是中视频创作者同时做多个不同类型的中视频账号，通过链式的传播来提升粉丝数量。一般来说，进行矩阵引流基本都需要团队的支持，中视频创作者的团队至少要配置 2 名出镜人员、1 名拍摄人员、1 名后期剪辑人员和 1 名推广营销人员，才能保证多账号矩阵的顺利运营。

打造中视频矩阵来进行引流的好处很多，创作者可以全方位地展现品牌特点，扩大影响力，还可以形成链式传播来进行内部引流，大幅度提升粉丝数量。

不仅如此，中视频矩阵还可以最大限度地降低多中视频账号的运营风险，这和投资理财强调的"不把鸡蛋放在同一个篮子里"的道理一样。多个账号一起运营，无论是做活动还是引流吸粉都可以达到很好的效果。创作者在打造中视频矩阵时，需要注意的事项具体如下。

(1) 注意账号的行为，遵守平台规则。

(2) 一个账号一个定位，每个账号都有相应的目标人群。

(3) 内容不要跨界，小而美的内容是主流形式。

9.1.2 互推引流

虽然互推引流和互粉引流的玩法比较类似，但是两者的渠道并不同。互粉主要通过社群来完成，而互推则更多的是直接在视频平台上与其他用户合作，来互相推广账号。在账号互推合作时，中视频创作者还需要注意一些基本原则，这些原则可以作为我们选择合作对象的依据，具体如下。

(1) 粉丝的调性基本一致。

(2) 账号定位的重合度比较高。

(3) 互推账号的粉丝黏性要高。

不管运营的是个人号还是企业号，中视频创作者在选择要合作进行互推的账号时，都需要掌握一些账号互推的技巧，具体内容如下。

个人号互推技巧如下：

(1) 不建议找那些有大量互推的账号。

(2) 尽量找高质量、强信任度的个人号。

(3) 从不同角度去策划互推内容，多测试。

企业号互推技巧如下：

(1) 关注合作账号基本数据的变化，如播放量、点赞量、评论量和转发量等。

(2) 找与自己内容相关的企业号，以提高用户的精准程度。

(3) 互推的时候要资源平等，彼此能够获得相互的信任。

9.1.3 热搜引流

对于中视频创作者来说，蹭热词已经成为一项重要的技能。用户可以利用抖音热搜寻找当下的热词，并让中视频的内容与这些热词高度匹配，从而得到更多的曝光。下面笔者以抖音为例，总结出了 3 个抖音热搜引流的方法。

1. 视频标题文案紧扣热词

如果创作者想要让用户通过搜索某个热词来搜索到自己的视频内容，就可以在视频的标题中多加入这些热门的词汇，提升系统的搜索匹配度。

2. 视频话题与热词吻合

以搜索"美食教程"这一热词为例，从搜索结果中，我们可以看到大量与美食相关的视频，如图 9-1 所示。当我们点击观看其中的一个视频时，就会发现这个视频所添加的话题与搜索的热词是吻合的，如图 9-2 所示。

图 9-1　"美食教程"的搜索结果

图 9-2　视频话题与热词吻合

3. 选用热度高的背景音乐

在抖音平台上，如果一个视频的背景音乐被很多人喜欢，那么使用与该背景音乐相关的视频也会获得一定的曝光量，甚至这个背景音乐的名字还有可能成为热搜词汇。因此，中视频创作者发布的中视频如果使用了热度比较高的背景音乐，同样也可以提高中视频的曝光率。

9.1.4 社群引流

虽然大多数用户进入粉丝社群之后，不一定会在社群内频繁交流，但是也有很多用户是希望能进入社群的，因为社群里通常会分享很多不一样的内容，也能让用户觉得自己离创作者更近一些。所以，中视频创作者可以结合粉丝的需求，用粉丝社群来提升自身的影响力并进行引流。

1. 社群引流的好处

在分享社群引流的技巧前，笔者先向大家介绍一下创作者利用社群引流能给自己带来的好处，具体内容如下。

1) 帮助创作者引爆流量

为什么运营社群能引爆流量呢？例如，某创作者想组建一个中视频交流群，那么他可以设置一个进群的条件：推荐 X 人进群或转发朋友圈可免费进群，让这些想进群的用户变成了社群宣传员，实现粉丝的裂变传播。这种裂变可以帮助创作者快速招揽到一些精准粉丝。如果创作者想组建这种社群，只需要从朋友圈找 100 人加入社群，这 100 人很可能会帮你裂变出 500 人，然后持续地裂变下去。

2) 容易获取精准客户

每个社群都有它的主题，而社群成员也会根据自身的目的选择自己需要的社群。所以，一旦他（她）选择进入创作者的社群，就说明他（她）对你社群的主题内容是有需求的。既然对社群的主题内容有需求，那他（她）自然就是精准客户了。

3) 实现快速变现

既然进群的用户大多数都是对主题内容有需求的精准客户，那么创作者只需解决他们的需求，获得他们的信任，就可以实现快速变现。

2. 社群引流的技巧

当然，社群的种类是比较丰富的，每个社群能达成的效果都不尽相同。那么，我们可以加入和运营哪些社群呢？下面笔者就来回答这个问题。

1) 建立大咖社群，加强粉丝交流

大咖都是有很多社群的，毕竟大咖的粉丝量比较庞大，而且每天要做的事情也比较多，没有时间和精力私聊。所以，他们通常都会通过社群和自己的粉丝进行沟通。

对于大咖社群，我们可以从两个方面进行运营。一方面，当创作者拥有一定的名气时，就可以将自己打造成大咖，并建立自己的大咖社群；另一方面，当创作者名气不够时，则可以加入一些同领域的大咖社群，从中获得一些有价值的内容。而且，这些社群中有一部分可能就是潜在客户，中视频创作者可以与这些人产生连接，为后续建立自己的粉丝社群做好铺垫。

2) 自建社群，精准吸引客户

自建社群，简而言之就是创建属于自己的社群。创作者可以创建社群的平台有很多，除了常见的微信群之外，我们还可以用 QQ 群等。社群创建之后，创作者需要进行多渠道的推广，吸引更多人进群，增加社群的人数和整体的影响力。在推广的过程中，中视频创作者可以将红包作为引诱点，吸引精准客户的加入。

笔者曾经在百度贴吧上做过测试，通过这种引诱点的设置，在短短两天的时间内，就吸引了 1000 人加群。这还只是百度贴吧吸引的粉丝量，如果再在其他平台一起宣传，那吸引的粉丝量就非常可观了。

3) 建立平台社群，吸引目标粉丝

平台社群既包括针对某个平台打造的社群，也包括就某一方面的内容进行交流的平台打造的社群。平台社群其实是比较好运营的，因为社群里很少有"大V"长时间服务。即使这些群邀请来了大咖，他们也只会在对应的课程时间内分享内容，时间一过基本上就不会再说话了。

但是，中视频创作者可以在群里长期服务，跟群员混熟。笔者之前加入了抖音官方社群，跟群员混熟之后，笔者分享了一条引流信息，便有 300 多人添加微信。

平台社群有非常丰富的粉丝资源，创作者需要合理运用。当然，在平台社群的运营中，我们的服务需要尽可能显得专业一点，产出的内容要有价值，要让社群成员在看到分享的内容之后，产生需求。

9.2 外部引流

外部引流作为视频传播过程中的关键要素，能够帮助创作者传播中视频，提高视频的观看量，也能为自己带来一定的粉丝。本小节笔者将要为大家介绍 4 种外部引流的方式，例如，微信、QQ 和微博等社交平台引流，以及今日头条等资讯平台引流的相关技巧。

9.2.1 微信引流

微信是投递式的营销，引流的效果通常很精准。通过微信，中视频创作者可以将视频链接分享给微信好友，这样就可以将微信好友转化为自己的粉丝。中视频创作者还可以让好友帮忙转发视频，或者通过微信群发布自己的视频链接，为自己的直播提高曝光度。除此之外，中视频创作者还可以在微信平台通过以下两种方式引流。

1. 朋友圈引流

对于中视频创作者来说，虽然朋友圈一次传播的范围较小，但是从对接收者的影响程度方面来看，却有着其他一些平台无法比拟的优势，如图 9-3 所示。

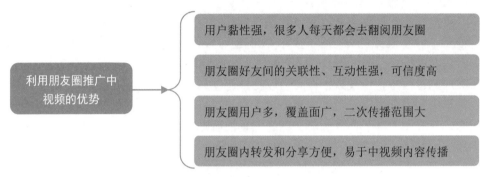

图 9-3　利用朋友圈推广中视频的优势

那么，中视频创作者在朋友圈进行中视频推广，应该注意什么呢？在笔者看来，创作者要注意以下 3 点，具体分析如下。

(1) 创作者在拍摄视频时，要注意刚开始拍摄的画面的美观性，因为推送到朋友圈的视频，一般是不能自主设置封面的，它显示的就是刚开始拍摄时的画面。

(2) 创作者在推广中视频时，要做好文字描述。因为一般来说，呈现在朋友圈中的中视频，好友看到的第一眼就是其"封面"，没有太多信息能让受众了解该视频的内容，因此，在中视频之前，要把重要的信息放上去。

(3) 创作者推广中视频时要利用好朋友圈评论功能。朋友圈中的文本如果字数太多，是会被折叠起来的，为了完整展示信息，创作者可以将重要信息放在评论里进行展示。

2. 微信公众号引流

微信公众号，从某一方面来说，就是一个个人、企业等主体进行信息发布并通过运营来提升知名度和品牌形象的平台。创作者如果要选择一个用户基数大的平台来推广引流，且期待通过长期的内容积累来宣传自己，那么微信公众号平台便是一个理想的传播平台。

通过微信公众号来推广中视频，除了对品牌形象的构建有较大的促进作用外，它还有一个非常重要的优势，那就是微信公众号推广内容的多样性。

在微信公众号上，中视频创作者如果想要进行中视频的推广，可以采用多种方式来实现。不过使用最多的有两种，即"标题＋视频"形式和"标题＋文本＋视频"形式。图 9-4 所示，为微信公众号推广中视频的案例。

图 9-4　微信公众号推广视频的案例

9.2.2　QQ 引流

在 QQ 平台上，要想进行中视频内容引流，是可通过多种途径来实现的，如 QQ 好友、QQ 群和 QQ 空间等。下面就以 QQ 群和 QQ 空间为例来进行具体介绍。

1. QQ 群

在 QQ 群中，如果没有设置"消息免打扰"的话，群内任何人发布信息，群内其他人都会收到提示信息。因此，与朋友圈不同，通过 QQ 群推广中视频，可以让推广信息直达受众，受众关注和播放的可能性也就更大。

因此，如果中视频创作者推广的是专业类的视频内容，那么可以选择这一类平台。目前，QQ 群有许多热门分类，中视频创作者可以通过查找同类群的方式，加入进去，然后再进行中视频的推广。关于在 QQ 群内进行中视频推广的方法，如图 9-5 所示。

图 9-5　QQ 群推广中视频的方法

可见，利用 QQ 群话题来推广中视频，中视频创作者可以通过相应人群感兴趣的话题来吸引 QQ 群用户的注意力。

2. QQ 空间

QQ 空间是中视频创作者可以充分利用起来的一个好地方。当然，创作者首先应该建立一个昵称与中视频运营账号相同的 QQ 号，这样才能更有利于积攒人气，吸引更多人前来关注和观看。下面就为大家具体介绍 4 种常见的 QQ 空间推广中视频的方法，如图 9-6 所示。

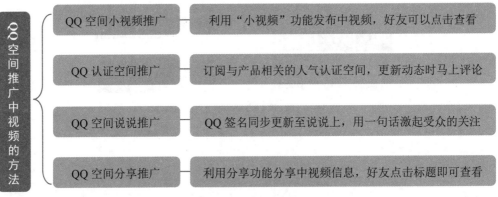

图 9-6　4 种常见的 QQ 空间推广中视频的方法

9.2.3　微博引流

用户通过微博只需要用很简短的文字或者一张图片就能向用户传达丰富的信息，这样便捷、快速的信息分享方式使得大多数人都在抢占微博的营销阵地。所以，中视频创作者要利用微博进行中视频推广，让自己发布的微博内容被许多用户看到，还要依靠两大功能来实现其推广目标，即"@"功能和热门话题。

首先，中视频创作者在进行微博推广的过程中，一定要重视"@"这个功能。创作者在发布微博时，在博文里可以"@"一些明星、媒体和企业，如果媒体或名人回复了你的内容，就能借助他们的粉丝扩大自身的影响力。若明星在博文下方评论，创作者就有机会受到很多粉丝及微博用户关注，那么中视频定会被推广出去。

其次，微博的"热门话题"板块是一个制造热点信息的地方，也是聚集网民数量最多的地方。中视频创作者可以在这些热议的话题下发表一些自己的看法，利用这些话题，推广自己的中视频，提高视频的观看量。

不仅如此，中视频创作者在微博多发热门评论也可以增加自己的曝光度。当你在某条热门微博下面评论时，只要你评论的内容足够有趣，就会有很多人点赞或回复你的评论。这时，你可以与这些用户互动，添加这些用户的联系方式，把这些用户吸引到你的私域流量池中。

9.2.4 今日头条引流

今日头条是用户最为广泛的新媒体运营平台之一，因其运营推广的效果不可忽视，所以，众多中视频创作者都争着注册今日头条来推广运营自己的视频内容。

大家都知道，抖音、西瓜视频和火山小视频这3个各有特色的视频平台共同组成了今日头条的视频矩阵，同时也汇聚了我国优质的视频流量。正是基于这3个平台的发展状况，今日头条这一资讯平台也成了推广中视频的重要阵地。下面笔者就分享几个在今日头条引流的技巧。

1. 从热点和关键词上提升推荐量

今日头条的推荐量是由智能推荐引擎机制决定的，一般含有热点的中视频会优先获得推荐，且热点时效性越高，推荐量越高，具有十分鲜明的个性化，而这种个性化推荐决定着中视频的位置和播放量。因此，创作者要寻找平台上的热点和关键词，提高中视频的推荐量，具体如图9-7所示。

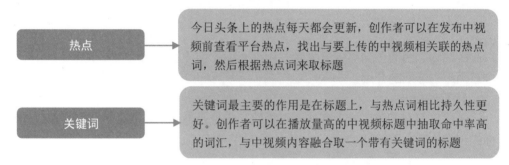

热点：今日头条上的热点每天都会更新，创作者可以在发布中视频前查看平台热点，找出与要上传的中视频相关联的热点词，然后根据热点词来取标题

关键词：关键词最主要的作用是在标题上，与热点词相比持久性更好。创作者可以在播放量高的中视频标题中抽取命中率高的词汇，与中视频内容融合取一个带有关键词的标题

图9-7　寻找热点和关键词提升中视频推荐量

2. 做有品质的标题高手

上文已经多次提及了标题，可见，今日头条的标题是影响中视频推荐量和播放量最重要的一个因素。一个好的标题得到的引流效果是无可限量的。因为今日头条的标题党居多，所以标题除了要抓人眼球，还要表现出十足的品质感，做一个有品质的取名高手。因此，中视频创作者在依照平台的推广规范进行操作时，还要留心观察平台上播放量高的中视频标题。

3. 严格把关视频内容更快过审

今日头条的视频内容由机器和人工两者共同把关。智能的引擎机制对内容进行关键词搜索审核后，平台编辑进行人工审核，确定中视频值得被推荐才会推荐审核的文章。先是机器把文章推荐给可能感兴趣的用户，如果点击率高，会进一步扩大范围把中视频推荐给更多相似的用户。另外，因为中视频内容的初次审核是由机器执行，所以创作者在用热点或关键词取标题时，尽量不要用语意不明的网络或非常规用语。

9.3　私域引流

怎么给中视频账号快速涨粉是经常另创作者头疼的事情，其实利用视频平台来进行营销推广，打造私域的流量池也是中视频引流知识体系必不可少的一部分。本小节以 B 站、视频号和抖音为例，给大家讲解中视频创作者应该如何把视频平台上的流量引流到私域的流量池。

9.3.1　B 站引流

B 站现在的流量日趋增长，不过 B 站的流量只是平台自己的流量，它属于公域流量。而 UP 主在运营过程中需要做的就是通过引流推广，让 B 站用户关注你的账号，从而让公域流量变成私域流量。下面笔者介绍 3 种在 B 站平台引流的方法。

1. 动态引流

B 站动态引流主要可以分为专栏引流、评论引流和福利引流，下面将从这 3个方面进行详细的介绍。

1) 专栏引流

专栏是 B 站 2017 年上线的一个板块，定位是通过全新的文章展示，来表达你的创作内容。图 9-8 所示，为 B 站的专栏专区。

图 9-8　B 站的专栏专区

如果 UP 主能在专栏领域把内容做好，也可以起到不错的引流效果。B 站的专栏内容方向有很多，UP 主可以往自己擅长的领域去创作。

例如，UP 主在 B 站的视频区制作投稿了不错的视频时，可以把自己的视频内容提炼成图文，把这些提炼的内容或者是相关的参考资料发布到自己的专栏中，为该视频进行宣传推广。

或者是在专栏内发布一些难以制作成视频形式的文案内容，以专栏图文的形式展示给 B 站用户，通过专栏优质的推文，为自己的 B 站账号进行引流推广。当 UP 主在专栏发完文章后，还可适当挑选一些自己认为重要的评论进行回复，以此来吸引更多的用户进行交流互动。

2) 评论引流

评论不仅可以很好地拉近 UP 主与 B 站用户之间的距离、消除隔阂感，还可以使 UP 主能更加深入地了解 B 站用户的想法，从而提升自己的视频质量。

不过评论引流指的可不单单是在自己的视频评论区里进行交流，也可以在其他同领域 UP 主优质视频的评论区下进行沟通引流。

具体操作也很简单，我们在 B 站手机客户端的首页中点击顶栏的"热门"板块，执行操作后，在该板块点击有同领域目标受众的热门视频。找到并进入视频界面后，点击视频里的"评论"按钮，跳转至视频评论区后，在下方的输入框中输入相关的引流评论即可，如图 9-9 所示。

图 9-9　评论"热门"视频

但是在其他 UP 主视频评论区下进行引流，不是说直接输入引流的相关信息，而是针对视频内容输入一些能够抢热评的评论，让喜爱该领域的目标用户也关注到你。你的评论互动量多、质量高，说不定还可以和 UP 主结识，讨论经验。

3) 福利引流

在 B 站上，我们常常能看到 UP 主会做一些抽奖活动来引流，这种福利抽奖的做法不仅可以提高 UP 主在粉丝心目中的形象，增强粉丝的黏性，还能吸引更多的用户关注 UP 主，从而达到吸粉引流的目的，如图 9-10 所示。

图 9-10　一些 UP 主利用抽奖活动引流

2. 参与活动

除了动态引流之外，UP 主在推广内容时还可以通过参与官方的活动来进行引流，以获得更多的关注度和更大的影响力。图 9-11 所示，为 B 站的一些官方活动。

UP 主参加活动之后，可以在活动的评论区为自己的作品拉票，这样也相当于给自己进行引流吸粉。总的来说，活动引流能够让平台给 UP 主带来更多的曝光度，如果 UP 主在活动中表现突出，不仅可以获得 B 站官方的礼品或奖励，还有机会上活动封面，让 UP 主的视频被更多人看见，为自己引流，而且有些活动的奖励还是挺不错的。不仅如此，为了与这些粉丝保持紧密关系，UP 主还可以经常策划一些线下活动，通过自我造势带来轰动，引发观众围观。

3. 合作引流

合作引流主要有两个方面。一方面是将两个或者两个以上的 UP 主账号进行组合，共同制作视频进行营销。

例如，有些 UP 主之间会以朋友的身份一起录制合作视频，如图 9-12 所示。

用户可以通过合作视频，从一个原本关注的 UP 主认识你，而且通过该视频也可以吸引一批人，并逐渐转化成自己的粉丝。

图 9-11　B 站的官方活动

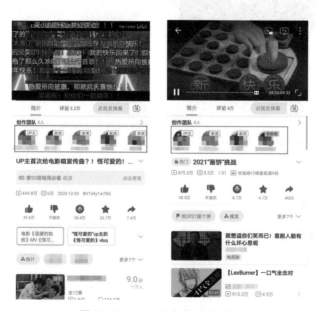

图 9-12　UP 主合作录制视频

另一方面是 UP 主相互之间达成协议，在自己的视频或者专栏、粉丝群等进行 UP 主互推，让自己的粉丝认识另外一位 UP 主，从而达到共赢的目的。

例如，大家可能见到过某个 UP 主专门拍一个视频介绍其他 UP 主的情况，这种推广也算得上是 B 站账号的互推。

两个或多个 UP 主会约定好有偿或者无偿为对方进行推广，这种推广能很快见到效果。不过 UP 主在采用 B 站账号互推吸粉引流的时候，需要注意的一点是，找的互推账号类型尽量不要跟自己是一个类型的，因为这样创作者之间会存在一定的竞争关系，两个互推的 B 站账号之间尽量存在互补性。

9.3.2 视频号引流

当中视频创作者利用视频号引流吸粉时，应该如何将视频号上的流量引流到私域流量池中呢？下面笔者就来为大家进行具体的讲解。

1. 文章链接，添加微信

微信的未来发展将基于"链接"主题，在现有链接的基础之上，去补充链接手段。目前，在视频号中能添加的链接只有公众号文章链接，所以中视频创作者在视频号平台上发布视频时，可以添加公众号文章的链接，好好地利用公众号，将用户转化为私域流量，如图 9-13 所示。

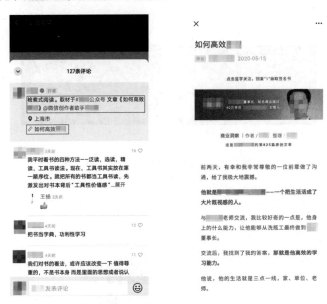

图 9-13　利用微信公众号引流

2. 评论留言，引导加 V

视频号的评论区是用户和创作者进行互动的地方，营销人员经常利用评论功能来进行引流。中视频创作者可以在回复评论时留下自己的微信联系方式，这样那些对内容感兴趣或有意向的用户就会添加好友。

3. 内容吸引，转化用户

中视频创作者如果想要通过所发布的视频号内容吸引用户，从而转化成私域流量，可以在视频的标题、文案以及视频内容中引导用户关注自己。

1) 标题

中视频创作者可以将自己的微信号添加在视频号内容的标题处，用户在看完视频之后，如果觉得你的视频号很有意思，传达了有价值或者对他有用的信息，那么就有可能会关注你，如图 9-14 所示。

图 9-14　创作者利用标题引导用户关注吸粉

2) 文案

一部分中视频创作者会选择将自己的微信号或者其他联系方式，以文案的形式添加到视频中，这也可以将流量转化为私域流量。笔者建议，采用这种方法时最好是将微信号添加在视频末尾，虽然这样会减少一部分流量，但是不会因为影响内容的观感而导致用户反感。

3) 视频内容

这种方法适合真人出镜的中视频，通过中视频创作者口述微信号，来吸引用户加好友。这种方法的信任度比较高，说服力比较强，转化效果也比较好。

4. 设置信息，完善资料

视频号创作者可以通过在账号主页的信息设置中添加微信号来引流，包括视频号昵称和个人简介的设置，下面笔者就来分别介绍。

1) 视频号昵称

视频号创作者在给视频号起名的时候，可以将自己的微信号添加在后面，这样其他用户在看到你的视频号时就能马上知道你的联系方式，如果你发布的内容符合他的需求，那他就会添加好友。

2) 个人简介

一般来说，中视频创作者会在个人简介中对自己以及所运营的视频号进行简单的介绍。那么，创作者填写信息的时候就可以在简介中加入个人微信号，然后吸引用户添加好友。此外，创作者还可以在视频号作品的封面以及视频号的头像中加入自己的联系方式。

9.3.3 抖音引流

当中视频创作者通过注册抖音号、拍摄中视频内容在抖音视频平台上获得大量粉丝后，接下来就可以把这些粉丝导入微信，通过微信来引流，将抖音流量沉淀到自己的私域流量池，获取源源不断的精准流量，降低流量获取成本，实现粉丝效益的最大化。

这里笔者再次强调，中视频创作者要用抖音增粉，首先必须把内容做好，通过内容运营来不断巩固你的个人 IP。只有好的内容才能吸引粉丝，他们才愿意去转发分享，长此以往，你私域流量池中的"水"就会越来越多。

1. 账号简介，展示微信

抖音的账号简介通常非常简洁，一句话解决，主要原则是描述账号＋引导关注，基本设置技巧如下：前半句描述账号的特点或功能，后半句引导关注微信；账号简介可以用多行文字，但不建议直接引导加微信等。

在账号简介中展示微信号是目前最常用的导流方法，而且修改起来也非常方便快捷。但需要注意，不要在其中直接标注"微信"，可以用拼音简写、同音字或其他相关符号来代替。创作者原创中视频的播放量越多，曝光率越高，引流的效果也就会越好，如图 9-15 所示。

2. 账号名字，加入微信

在账号名字里加入微信号是抖音早期常用的导流方法，但由于今日头条和腾讯之间的竞争非常激烈，抖音对于名称中的微信审核也非常严格，因此中视频创作者使用该方法时需要非常谨慎。

同时，抖音的名字需要有特点，而且最好和定位相关。抖音名字设定的基本技巧如图 9-16 所示。

图 9-15　在抖音账号简介中展示微信号

抖音名字设定的技巧	→ 名字不能太长，太长的话用户不容易记忆，一般不超过 10 字
	名字要能体现账号的定位和人设，这样对于内容领域的垂直是非常有帮助的，而且吸引来的粉丝精准度也高，用户黏性强

图 9-16　抖音名字设定的技巧

3. 视频内容，露出微信

在中视频内容中露出微信的主要方式有由创作者自己说出来（加上字幕），也可以通过背景展现出来。只要这个视频能火，其中的微信号也会随之得到大量的曝光。例如，某个护肤内容的中视频，通过图文内容介绍了一些护肤技巧，最后展现创作者自己的微信号来引流。

需要注意的是，中视频创作者不要直接在视频上添加水印，这样做不仅影响粉丝的观看体验，而且不能通过审核，甚至会被系统封号。

4. 背景图片，包含微信

背景图片的展示面积比较大，容易被人看到，因此把含有联系方式或引流信息的图片作为账号主页背景的引流效果也非常明显。所以，中视频创作者也可以将微信号放入背景图片中，然后作为抖音账号主页的背景图片，把抖音流量引流到微信中去。

第 10 章

精准营销引爆销量

众所周知，进行商业推广是大多数中视频创作者获得收入的途径之一，即利用中视频做内容营销，那么，创作者要如何打造爆品，并进行精准的营销呢？本章笔者将对这个问题给出详细的解答。

10.1 营销产品的关键点

毋庸置疑，随着移动互联网的快速发展，当下中视频风口热度越来越高，形式多样的中视频内容让用户逐渐习惯了这种娱乐方式，从而给品牌带来了一定的商机。

于是越来越多的品牌也开始扎进中视频领域，想要利用内容营销产品，提高品牌的知名度。但大多数的企业只会生硬地搬广告，导致生产出来的内容没有对品牌产生有利的价值。这时，一些品牌就会寻找一些优质的创作者来帮助自己营销产品。

然而，对于大多数中视频创作者来说，他们并没有很多的营销经验，在市场上产品种类繁多的情况下，创作者们一不小心就有可能接到一些劣质产品的推广，或者遇到因为不了解产品导致视频内容达不到品牌要求的情况。对此，笔者总结了 4 个中视频创作者利用内容营销产品的关键点。

10.1.1 筛选产品保证体验

虽然用户会因为信任中视频创作者而购买产品，但是毕竟用户才是产品的使用者，如果产品的质量不过关，或者不符合用户的需求，创作者就很容易会因为销售了假冒伪劣的产品而砸了自己的口碑。所以，中视频创作者在接商业推广、帮助一些商家销售产品前，一定要先学会筛选产品，保证用户使用产品的体验感。下面笔者就分享 4 个筛选产品的技巧。

1. 选择高质量的产品

中视频创作者进行内容营销时，不能销售假冒伪劣产品，这属于欺骗用户的行为，如果被用户曝光，就很容易掉粉。产品的质量不过关，损害的是用户的利益。所以，中视频创作者一定要选择高质量的产品，本着对用户负责的原则来营销产品。

2. 选择相匹配的产品

中视频创作者在进行内容营销时，在产品的选择上，可以选择符合自身人设的产品。例如，你是一个分享美食制作的创作者，那么可以选择美食产品；你是一个分享护肤和美妆知识的创作者，选择的产品就可以是一些美妆、护肤产品等。

此外，中视频创作者还可以根据个人的性格选择产品。例如，创作者的性格是活泼可爱的类型，营销的产品风格可以是可爱、有活力的；创作者的性格是认真、严谨的，就可以选择高品质、可靠的产品。

3. 选择创新型的产品

随着产品的同质化，大多数用户对市面上同类的产品已经产生了审美疲劳，所以我们可以发现，一些用户往往更倾向于选择创新型的产品。这是因为创新型产品往往具有两个特点。

(1)高颜值。"爱美之心，人皆有之"，高颜值的产品往往更能吸引用户的注意，并容易让用户产生消费的冲动。

(2) 新奇有趣。当产品的外形设计满足用户需求之后，产品的功能便是用户购买产品所需要衡量的因素之一了。

4. 选择价格合适的产品

用户观看视频时做出的购买决策很大程度上会受到价格的影响，所以中视频创作者在筛选产品时，还需要考虑产品的价格。中视频创作者只有了解什么价位的产品会在直播间更受欢迎，才能保证产品有一个好的销量。因此，创作者要衡量粉丝群体的消费能力，并调查同类产品不同价格的销量，分析出产品的价格与同类产品的价格相比是否划算。

10.1.2　了解产品以及用户

创作者要想打造一款成功的爆品，较关键的一点就是找准目标用户进行针对性的营销。所以，作为产品的推销员，创作者不仅要了解产品，还要了解产品的目标用户。同时，创作者还要能够生动形象地描述出目标用户的各种特性以及其喜欢的生活状态，并在此基础上针对目标用户的特性及其喜欢的生活状态来打造中视频内容，营销产品。

而要做到这一点，创作者在进行内容营销前，一定要先了解产品。这是因为创作者只有在中视频的内容中突出其产品特点，使营销的内容符合产品的调性，传递品牌及其产品的价值、理念等，才能在内容调性与情感层面打动用户。

相反，如果创作者因为不了解产品，而导致中视频内容没有展示出更多产品和品牌的信息，用户在看过视频后就只能通过自主查阅信息的方式来获取关于产品的更多信息了。这样会导致一个结果，那就是用户很可能会因为对产品了解不够而怀疑中视频创作者的专业性。

不仅如此，如果创作者因为不了解产品而导致视频内容没有抓住营销的重点，就很难达到推广产品的效果，那些品牌方自然就不会再跟你进行第二次合作了。

所以，中视频创作者要在视频中从用户的角度对产品进行全面、详细的介绍，尤其是对产品优势的介绍，还可以结合自身的使用体验，增强语言的说服力。此外，中视频创作者还可以利用认知对比的原理，将所要推荐的产品与其他产品进行比较。

例如，一些做美妆评测的中视频创作者经常会从专业的角度来帮助用户挑选质量好、性价比高的产品，并将自己所要推荐的产品与市场上的假冒伪劣产品进行比较，向用户展示自身产品的优势，同时告诉用户鉴别假货的方法，让用户在对比中提高对产品的认知。

10.1.3 满足需求直击痛点

中视频创作者做营销的第一要素是满足用户的诉求，用内容留住大部分目标用户，并满足这部分用户的真实需求。而为了满足这些用户的强需求，中视频创作者首先要找到这些用户的真实需求，笔者将这个寻找的过程总结为 3 个步骤，具体如下。

(1) 步骤 1：找到包含目标用户的消费市场。

(2) 步骤 2：亲自体验消费过程。

(3) 步骤 3：找出产品和消费过程中的不足，并进行改进。

以销售一款有机米为例，某企业在推广一款有机米时，将产品定位为绿色健康的食品，并不断地宣传此产品营养丰富，婴儿和中老年人群都可以食用。不过，这款有机米的定价不是很亲民，产品定位偏于高端。

但是，这种营销方法没有获得成功，虽然企业在广告投放方面花了很多钱，但是没有得到相应的回报。那么，这家企业的营销到底哪儿出错了呢？笔者分析出 3 个误区，具体如下。

(1) 产品的目标受众跨度太大。

(2) 该产品的替代品太多，定价不宜太高。

(3) "有机"并不是强需求。

于是，为了将这款有机米推销出去，该企业找到了两大解决方法，即集中关注部分目标用户，将产品使用者定位为 5 岁以下的孩子；挖掘部分用户的强需求，将奶粉过敏且肠胃功能弱的孩子作为主要的消费群体。在此基础上，该企业特地给产品取了一个贴切而生动的名字——"宝宝米"。不出所料，这两个解决方法帮助该企业取得了很好的营销效果。

又如，某国产手机品牌就击中了大多数用户觉得智能手机价格太高的痛点，支付宝、微信支付解决了很多人觉得带现金出门麻烦的痛点。所以，中视频创作者营销产品的重点就在于能够准确击中用户的痛点。

那么，中视频创作者要如何找到用户的需求呢？具体来说，用户的痛点是需要中视频创作者通过对人性、产品和市场的全面解析而挖掘出来的，这些痛点就潜藏在大多数目标用户的身上，需要创作者去探索和发现，这样才能使大多数用户对产品和服务产生渴望与需求。

　　例如，某西瓜视频创作者所发布的中视频内容主要以科普护肤知识为主，他的粉丝大多数都是有护肤需求的年轻女性，为了了解这部分群体的需求，他在每一期视频中，都会让观看视频的粉丝在评论区中把自己的需求提出来。同时，他会根据这些用户的需求来打造下期中视频的内容，并会在视频中向用户推荐合适的产品，在介绍产品时，着重分析产品中的组成成分，告知用户产品所带来的价值，击中用户的痛点。图 10-1 所示，为该创作者在视频中向用户推荐护肤产品，并分析产品的组成成分。

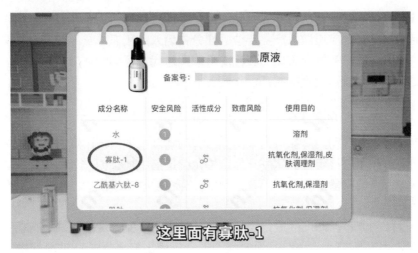

图 10-1　某创作者向用户推荐护肤产品

10.1.4　构建产品营销体系

　　中视频创作者在营销产品前，还需要重点从 4 个方面来设计一个完整的产品营销体系，全面地对产品进行营销，在提高产品知名度的同时，刺激用户的购买需求。

　　(1) 产品 (或服务)。用户购买的是产品 (或服务)，因此对于创作者来说，在进行营销时，让用户看到产品的特色和优势是非常关键的。毕竟，对于相对理性的用户来说，只有他 (她) 们认为自己需要产品 (或服务)，才会购买。

　　(2) 品牌。对于部分用户来说，产品的品牌是他们做出购买决定的重要参考因素。因为在他们看来知名度高、口碑好的品牌，其旗下的产品往往更容易让人放心。对此，创作者在进行产品营销时，一方面可以将品牌的知名度和口碑作为一个宣传重点；另一方面也需要想办法提高品牌的知名度和口碑，增强品牌的信服力。

　　(3) 价格。产品的价格一直以来都是用户购买产品时的重要参考因素之一。

如果产品具有价格优势，创作者便可以将其作为一个营销重点，在视频内容中突出产品的价格，吸引用户下单消费。

(4) 渠道。一般情况下，营销的渠道越多，营销的效果通常就会越好。对此，创作者可以结合视频平台、电商平台以及各大新媒体平台进行营销，提高产品以及品牌的知名度。

10.2　精准营销的技巧

产品的营销有赖于各方面的共同作用，中视频创作者为了通过视频内容来树立产品的口碑，就应该做好产品定位、细分找切入点和抓住长尾市场，并突出产品优势，以精准占领目标市场。在移动互联网时代，营销的环节更为复杂。下面笔者便分享 5 个精准营销的技巧。

10.2.1　做好产品定位

中视频创作者利用产品打造来树立口碑和精准占领目标市场，首先需要明确的是如何对产品进行定位。做好产品定位，就是指中视频创作者根据用户或者市场的诉求，来选择营销什么产品，让用户在观看视频的过程中，购买到适合自己的产品。

中视频创作者在对产品进行定位之后，就会对产品宣传的方法进行相关的定型，这样就能把产品结合到视频内容当中，打造出与产品关联性高的中视频内容了。

那么，创作者应该如何对产品进行定位呢？下面笔者将详细介绍利用产品定位进行精准营销、占领目标市场的相关要点。

1. 紧跟定位进行营销

中视频创作者想要利用产品定位树立良好口碑，从而精准地占领目标市场，必须紧跟产品的定位进行营销。所以，中视频创作者在进行营销时，可以在不脱离品牌理念的情况下，对产品做一个全新的定位，策划出具有新意的中视频内容。那么，创作者在对产品进行定位时，需要考虑哪些因素呢？笔者将其大致总结为如下 3 点。

(1) 产品外观的设计。

(2) 主要面向的消费群体。

(3) 产品具备的主要功能。

当然，如果品牌已经确定了该产品的定位，创作者只需把口碑营销的设计与产品的定位相结合即可。需要注意的是，创作者在进行产品营销时，也不能忽视产品定位所需要考虑的因素，切记一切都要以产品定位为中心，如此才能帮助企业打造口碑。

2. 添上用户喜爱的因素

品牌在对产品进行定位时，一般已经锁定了目标用户，在产品诞生之前或诞生之初，就已经做好了把产品销售给谁的决定。因为一旦明确了目标消费人群之后，品牌就能抓住吸引目标消费人群的要点，并对产品的功能、外形设计进行包装。

对于创作者来说，在利用视频营销产品的过程中，将产品销售给谁的决定是品牌已经做好了的，创作者只要有意强调并添加一些用户喜爱的因素就可以了，这些特别的因素，一般能够有效引起目标用户的兴趣，从而帮助品牌和产品打造口碑。

3. 把产品做到极致

想要对产品的定位进行扩展，获得更多用户的喜爱和支持，就要保证产品的质量和功能。因为只有质量能够达标，功能实用且丰富，才能更加有效地吸引用户，从而打造良好口碑。

因此，最好的办法就是把产品做到极致，让产品自己强大起来，这样一来就能利用定位增添底气，拓宽范围，而不仅仅局限于小部分消费人群。

以某国产手机品牌为例，它在诞生之初就是以"为发烧而生"为基本原则，意思就是要把产品做到最好。不仅如此，该品牌一直坚持"死磕极致性价比"，为用户带来了一款又一款充满惊喜的产品。

正是因为该品牌的成功定位，它的发展之路才越来越顺畅，同时也大力推动了口碑营销，获得了电子产品爱好者和科技痴迷者的追捧和支持，为企业树立了口碑。

10.2.2　细分找切入点

在进行产品打造之前，创作者需要通过细分市场找到产品打造的切入点，只有这样，才能精准地占领用户市场。那么，在对市场进行细分的时候，创作者需要注意哪些问题呢？笔者将其总结为以下 3 点。

(1) 给产品定好位。

(2) 给市场分类。

(3) 明确企业和店铺的发展方向。

为了找到产品打造的切入点，更好地吸引用户的注意力，创作者要在市场的细分上下大功夫。一方面要注意了解市场的动态和趋势，另一方面要让自己销售的产品跟上市场的步伐和布局，做到精准出击，一触即发。

相反，如果创作者只是盲目地打造产品，这样的产品不仅针对性不强，还会出现产品与市场需求不对口的问题。因此，创作者需要做的就是细分市场，把自己的产品与市场的需求结合在一起，不求大、求多，只求精且有效。

如此一来，创作者就能打造出正中用户下怀的产品，得到用户的大力认同和支持，从而树立起牢固的口碑。

10.2.3 抓住长尾市场

产品的打造一要有个性，二要抓住长尾。市场需求大致可以分为两类，一类是主流的需求，这部分需求被称为头部需求；另一类则是相对个性化的、小众的需求，这部分需求被称为尾部需求。

大多数中视频创作者在给产品定位时，想的可能是提供大多数人都能用的产品。殊不知，这样的产品，做的人往往也是比较多的。而那些需求较少的，也就是我们说的长尾需求，却往往容易被人忽略。其实，只要抓住了长尾需求，小众的产品也能创造出巨大的价值。

在产品的打造过程中，可以通过产品特色更好地吸引用户。打个最简单的比方，如果一个长相平平、没有任何特点的人走在人群当中，肯定不会引起多少人的关注，但如果是一个长得漂亮或者是丑陋的人就会使得别人多看几眼。在这里，"漂亮"和"丑陋"就是人拥有的特色，产品也是如此。

那么，在打造产品的时候，应该如何给产品注入特色呢？笔者将其方法总结为以下3点。

(1) 外观设计要新颖。

(2) 功能要有亮点。

(3) 宣传方式要独特。

由此可见，为产品注入特色不仅是从产品本身入手，还要兼顾产品的营销过程。因为打造产品的目的是赢得用户的喜爱，并树立一个好的口碑，因此创作者任何方面都不能忽视。

至于抓住长尾，我们不妨以亚马逊为例，它有部分产品十分热销，同时它也懂得抓住剩下的市场，因为其他产品加起来的销量与热销的产品份额差不多，这就是"长尾效应"，也是一种打造口碑的巧妙途径。

为了树立企业的口碑，产品的个性是绝对不能放松的，这是关键。当然，为了最大限度地得到用户的认可，也要学会抓住长尾，做到头尾两不误。

10.2.4 对比突出优势

打造产品还可以借助比衬（对比衬托）这一行之有效的方法，如果想要通过产品的打造来赢得市场口碑，吸引用户的购买力，也可以借助别的知名品牌的名气。通俗地说，就是借势为自己的产品打广告，做宣传。

一般而言，这种方法是为新兴企业打响自己的品牌而量身定做的，因为单单靠中视频创作者自身的力量而被用户熟知，并快速地树立起企业的口碑，是一件充满挑战性的事情。

因此，中视频创作者一方面要保障产品的质量，另一方面也要学会借由比衬突出自身。那么，具体要怎么做呢？下面笔者将详细介绍比衬这一具体的操作方法。

1. 产品兼顾质量和特色

虽然是利用其他品牌来进行比衬，但企业切记自身产品的质量要有保障，具体要做到"三要"，即要有品质、要有个性、要有亮点。

如果产品自身毫无特色，而且质量又不过关，那么借助比衬突出就是产品的缺点和不足，效果只会适得其反。反之，产品将会利用自己的独特优势获得用户的赞同，从而可以迅速树立一个好的口碑。

例如，某国产手机品牌的产品一直以其良好的功能和美观的设计深受用户青睐，但也经常被许多用户拿来与其他手机品牌作对比。那么，该手机品牌的优势在哪儿呢？笔者认为其较为显著的优势当属极高的性价比，同样是功能相近的智能手机，该品牌的手机价格往往要比市面上很多产品低，这也是许多用户成为其品牌忠实粉丝的重要原因。

2. 与知名品牌作比较

在选择别的企业作为比衬参考的时候，要有相应的标准，不能随意乱找，敷衍了事，因为你选择的对比对象，也将影响你自身的高度。具体来说，选择的比衬对象要满足以下3个条件。

(1) 市场业绩要高。

(2) 声誉要好。

(3) 知名度要高。

选择这样的"靠谱"对象进行比衬，对于企业和店铺本身来说是比较有利的，因为大品牌往往已经形成了固定的消费群体和强大的影响力，借助大品牌的势头能够快速吸引用户的关注，从而打造口碑，更精准地占领目标市场。

3. 不能一味地贬低别人

在通过比衬突出自身品牌时，切记不能走偏。比衬的实质是借势，而不是通过贬低别人来抬高自己。在比衬的过程中创作者需要明确的有两点，一是比衬不等于"否定"；二是比衬时不能恶意诽谤。

有些企业在比衬的过程中没有找对方向，或者没有把握好尺度，就会走入"歧途"，做出对其他品牌不利的事情，比如故意抹黑、雇用水军等。这样做带来的结果只会让企业陷入困境，严重的话，可能会使得企业元气大伤。

不管怎样，如果想要通过比衬这种方式博得更多关注，打造口碑，就应该把好产品质量关，寻找正确的比衬参考，以便突出自身产品的优势。只有这样，才能吸引众多用户的眼球，继而得到他们的喜爱和追捧。

当然，中视频创作者也要明确比衬需要注意的相关事项，以免走向错误的方向，无法取得理想的结果。

10.2.5 赋予精神力量

产品从某种角度来讲，也会给人带来一种精神的力量，比如激励、积极和阳光等。这些都是由于在产品打造过程中，为产品加入了"鸡汤"的元素。一款产品设计得好坏可能会左右人的情绪，使人心情愉悦的产品需要具备以下4个要素。

(1) 看：美观的外形。

(2) 吃：可口的味道。

(3) 听：动听的音乐。

(4) 用：实用的功能。

因为企业打造的产品功能都相差无几，所以很多时候用户将注意力集中放在了情感和精神方面。那么，中视频创作者应该如何给产品注入正面的能量，给产品浇上"鸡汤"呢？笔者将详细进行介绍。

1. 注重产品细节和外观

其实给产品浇上"鸡汤"，从外观设计上来体现就是把产品打造得美观大方，而且要注重产品细节的打磨，带给用户一种美的感受，给用户提供最优质的产品体验，让其感受到产品积极的精神。

2. 为产品添加文化内涵

在给产品浇上"鸡汤"时，创作者需要注意的是，不仅仅要注重外观设计，产品传达的内涵和文化也需要加点"鸡汤"。这样一来，用户只要一看到产品，就会自动联想到企业和产品独有的内涵，从而充满力量，不再感到彷徨。这就是给产品内涵加"鸡汤"的要义。

以华为打造的荣耀系列手机为例，它就添加了"鸡汤"，而且在营销过程中还主动推出了"勇敢做自己"的宣传片对产品进行推广，吸引了广大年轻群体的目光，也传递了荣耀手机所含有的积极向上的精神。

3. 展示传统文化的精华

在给产品浇上"鸡汤"时，中视频创作者可以把传统文化中的精华部分也结合起来，这样的话，既可以赋予产品更深厚的含义，也可以助力优秀传统文化的继承和发扬。一个产品如果与优秀传统文化挂钩，就很有可能打动用户的心，并迅速树立企业的口碑。

以知名白酒品牌"孔府家酒"为例，它就成功地在产品和营销手段上浇上了"传统文化"的鸡汤，其具体做法如下。

(1) 产品名字带有"家"字。

(2) 广告语"孔府家酒，叫人想家"。

(3) 推出"回家篇"广告。

"孔府家酒"在产品中巧妙地融入了"家"的优秀传统文化，唤起了无数用户对家的记忆和想念，成功地把品牌文化和大众的普遍情感相结合，从而使得用户对产品产生一种特别的情感，为产品打造了坚不可摧的口碑效应。

4. 推出"鸡汤"广告

要想给产品浇上"鸡汤"，除了对产品进行加工外，还可以通过打造专门用户的专属广告来传递积极向上的精神。这是一种旁敲侧击的方法，它的好处就在于让品牌推广不那么生硬，而是无限贴近用户的真实状态，从而使得用户变得能量满满，为企业的文化和品牌所折服。那么，为用户量身打造的"鸡汤"广告，展示的内容大致有哪些呢？笔者将其总结为以下 3 点。

(1) 励志，激励人前进。

(2) 表现家庭亲情。

(3) 发扬社会公益精神。

需要注意的是，"鸡汤"广告虽然能带给用户正能量，但也要注意不能无限度地使用，要与产品附带的"鸡汤"相结合，才能达到最好的效果。

总的来说，为产品浇上"鸡汤"是帮助产品精准地占领市场的有效方法，既可以为企业和店铺树立口碑，也可以推动产品销量的提高，可谓两全其美。

5. 输出品牌价值

中视频与短视频相比，有着时长长、信息增量大的优势，创作者要充分发挥这一优势，利用视频向用户传达品牌的价值，并在视频内容中植入产品的同时，附加产品的知识，从而让产品获得用户的认同。

例如，某中视频创作者以做护肤产品测评出圈，他有一个自创的护肤品牌，该品牌旗下有一款新推出的产品——桂花纯露。为了提高该产品的知名度，他策划了一期以"一瓶桂花纯露的诞生"为主题的视频，向用户展示了该产品从原料采摘到加工成成品的过程，并借机传递了品牌的价值观，如图 10-2 所示。

我们必须要新鲜的桂花来做(纯露)

图 10-2　某中视频创作者向用户展示产品的生产过程

10.3　引爆销量的方法

在进行内容营销时，如果中视频创作者不能掌握一定的营销方法，将很难达到预期的营销效果，这样一来，想要引爆产品销量就更难了。所以，中视频创作者在借助营销提高产品销量时，须掌握一些必要的营销方法。

10.3.1　活动营销

活动营销是指整合相关的资源策划相关的活动，从而卖出产品，提升企业和店铺形象，树立品牌的一种营销方式。通过营销活动的推出，能够提升客户的依赖度和忠诚度，更利于培养核心用户。

活动营销是各商家最常采用的营销方式之一，常见的活动营销的种类包括抽奖营销、签到营销、红包营销、打折营销和团购营销等。许多商家通常会采取"秒杀""清仓""抢购"等方式，以相对优惠的价格吸引用户购买产品，增加平台的流量。一般来说，这种利用活动营销推广产品的方式也经常出现在一些中视频创作者的视频内容中。图 10-3 所示，为一些中视频创作者利用视频帮助一些商家做活动营销。

需要注意的是，活动营销的重点往往不在于活动的表现形式，而在于活动中的具体内容。也就是说，中视频创作者在做活动营销时，需要选取用户感兴趣的内容，否则可能难以收到预期的效果。不仅如此，创作者还需要将活动营销与用户营销结合起来，以活动为外衣，把用户需求作为内容进行填充。例如，当用户因商品价格较高不愿下单时，可以通过发放满减优惠券的方式，适度让利，以获取更多销量。

图 10-3　中视频创作者帮助商家做活动营销

10.3.2　饥饿营销

　　饥饿营销属于常见的一种营销战略，但是，要想采用饥饿营销的策略，首先还需要产品有一定的真实价值，并且品牌在大众心中有一定的影响力，否则目标用户可能并不会买账。饥饿营销实际上就是通过减少产品供应量，造成供不应求的假象，从而形成品牌效应，快速销售产品。

　　对于中视频创作者来说，饥饿营销主要可以起到两个作用。一是帮助自己获取流量，制造短期热度。二是增加认知度，随着秒杀活动的开展，许多用户一段时间内对品牌的印象加深，品牌的认知度获得提高。图 10-4 所示，为一些中视频创作者利用饥饿营销的方法推广产品。

图10-4 中视频创作者帮助商家做饥饿营销

10.3.3 口碑营销

在互联网时代，用户很容易会受到口碑的影响，当某一事物受到主流市场推崇时，大多数人都会纷至沓来。对于中视频创作者来说，口碑营销主要是通过产品的口碑，进而通过好评带动流量，让更多用户出于信任购买产品。

常见的口碑营销方式主要包括经验性口碑营销、继发性口碑营销和意识性口碑营销，接下来分别进行介绍。

1. 经验性口碑

经验性口碑营销主要是从用户的使用经验入手，通过用户的评论让其他用户认可产品，从而产生营销效果。随着电商购物的发展，越来越多的人开始养成这样一个习惯，那就是在购买某件产品时一定要先查看他人对该物品的评价，以此对产品的口碑进行评估。而店铺中某件商品的总体评价较好时，产品便可凭借口碑获得不错的营销效果。

因此，当某一用户看到这些评价时，可能会认为该产品总体比较好，并在此印象下将之加入购物清单，而这样一来，产品便借由口碑将营销变为"赢销"。

创作者在帮助商家营销产品时，也可以利用这一方法，在视频中向用户展示产品的评价，让用户出于对产品的信任而购买产品。

2. 继发性口碑

继发性口碑的来源较为直接，就是用户直接在视频平台或电商平台上了解相关的信息，从而逐步形成的口碑效应，这种口碑的形成往往来源于视频平台或电商平台的相关活动。

3. 意识性口碑

意识性口碑营销，主要就是由名人效应延伸的产品口碑营销，往往由名人的名气决定营销效果，同时明星的粉丝群体也会进一步提升产品的形象，打造产品品牌。

相比于其他推广方式，请明星代言的优势就在于，明星的粉丝很容易"爱屋及乌"，在选择产品时，有意识地将自己偶像代言的品牌作为首选，有的粉丝为了扩大偶像的影响力，甚至还会将明星的代言内容进行宣传。

总之，口碑营销实际上就是借助人们的从众心理，通过用户的自主传播，吸引更多用户购买产品。在此过程中，非常关键的一点就是展示产品的好评。毕竟当新用户受从众心理的影响进入店铺之后，难免会对产品有疑虑，中视频创作者要想让其进行消费，还得先通过好评获得用户的信任。

10.4 营销的注意事项

中视频创作者在进行内容营销的同时，还需要了解一下注意事项，以免影响营销的效果。本小节笔者就向大家介绍一些营销时的注意事项。

10.4.1 营销前准备充分

做任何事情之前，都应该做足准备，对相关内容进行充分的了解，做营销也是如此。中视频创作者只有对需要营销的事物进行充分的了解，才能让营销内容有的放矢，更好地打动目标用户。具体来说，在营销之前需要重点对两方面的内容进行了解。

1. 成本

成本可以分为两种，一种是营销推广的成本，另一种是产品的生产成本或进价。在了解了这两种成本之后，中视频创作者便能预估自身的总成本，根据总成本确定产品的销售价格，从而更好地保障自身的收益。

2. 卖点

对于某件产品或某个事物，中视频创作者会重点关注其卖点和亮点。如果中视频创作者在做营销之前，对需要营销的事物进行充分的了解，并从中提炼出该事物能够打动用户的卖点，进行针对性的营销，那么用户在看到营销内容之后，自然会更容易动心，营销的效果自然也会更好。

在了解了这两个方面的内容之后，中视频创作者就可以着手准备营销了。当然，要想让营销获得更好的效果，还得选择合适的营销方式。

10.4.2　账号产品推销到位

在中视频账号的运营过程中，账号和产品的营销都非常重要。只有对账号进行营销，才能让账号获得更多流量，从而增强账号的变现能力。同时，大部分中视频创作者是借助产品进行变现的，通过对产品的营销，可以增强产品对用户的吸引力，让更多用户下单购买产品。

然而，在现实生活中，许多中视频创作者在做营销时往往会过分重视其中的一个方面，而忽略了另一个方面。

比如，有的创作者会通过各种方式，在各个平台对账号进行营销，吸引了许多人的关注，却因为缺乏对产品的营销，导致下单率相对较低。又如，有的创作者花费许多时间和精力做产品营销，却忽略了账号的营销，结果关注账号的人数相对较少，部分看到产品营销内容的人群，找不到产品的购买渠道，产品的变现能力远远达不到预期。

由此不难看出，账号和产品都是中视频营销的重点。无论是缺了账号的营销，还是缺了产品的营销，都会让最终的营销效果和账号的变现能力大打折扣。因此，在做中视频营销时，一定要将账号和产品营销都做到位。

10.4.3　弱化营销痕迹

部分中视频创作者在做营销时会选择相对直接的方式。比如，卖产品的中视频创作者，会通过视频对产品进行展示。甚至会利用多个相似的视频，对同一个产品进行营销推广。

这种直接通过多个视频对同一产品进行推广的做法，虽然能让用户看到你销售的产品，了解产品的相关信息，但是，也很容易让用户产生反感情绪。毕竟大多数用户都不喜欢看广告，而且这么做相当于是在多次做相似的广告。这种行为，会让用户在看到你的视频之后，直接忽略掉。

其实，用户之所以会对广告营销行为产生反感情绪，主要还是因为部分广告营销的痕迹太重了，而且很多广告都是在重复进行营销。如果你的广告植入太过生硬，用户可能就会对你产生反感情绪。对此，视频创作者需要做的就是适当将广告植入进行软化，让广告植入变得更加巧妙一些，弱化营销痕迹，用户也会更加容易接受一些。

比如，同样是卖厨具。你直接通过视频对厨具进行全面的展示，用户可能不会看完你的视频。你如果在一个制作美食的视频中，使用要卖的厨具，而且让用户看到该厨具是非常实用的，那么用户不仅不会觉得你是在做广告，甚至还会因为厨具看起来很好用而直接下单购买，如图 10-5 所示。

图 10-5 巧妙地植入商品

　　不仅如此，中视频创作者还可以将产品和场景化的故事结合起来，创作出有趣的直播内容，让用户在观看中产生好奇心，并购买产品。一般来说，用户在观看视频时，是有娱乐需求的，创作者对产品进行故事创作，能够让用户沉浸在故事中，从而弱化推销性质，增加了产品的附加值，让产品对用户更有吸引力。

第 11 章

分析数据找准策略

中视频创作者在运营中视频账号的过程中，要想准确判断并了解运营的效果，就需要对各项数据进行详细分析。基于这一点，本章笔者就分享一些数据分析的经验和账号运营的技巧，以便让读者更加清晰、准确地感知自己的运营和营销状态，为后续找准运营策略做好准备。

从零开始学中视频制作与运营

11.1 直接分析确定内容方向

中视频创作者在运营账号的过程中，需要重点关注一些热门创作者的视频内容，分析其亮点，更要对自己的中视频内容进行评估，以便确定未来内容运营的方向。

11.1.1 关注热门视频的数据

为了方便各创作者分析其他热门创作者的内容数据，笔者向大家推荐一款数据分析工具——MCNDATA 数据开放平台。读者只需在百度中搜索该平台，就可以进入该平台主页，看到全网的综合创作者账号的数据了，如图 11-1 所示。

图 11-1　MCNDATA 数据开放平台主页

下面以分析 B 站热门创作者的内容数据为例，单击 ⓑ 按钮切换到 B 站平台的榜单，单击排在首位的创作者，如图 11-2 所示。

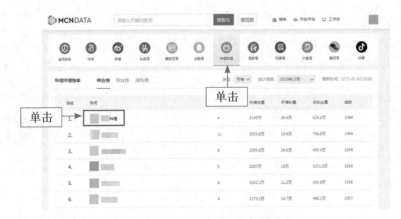

图 11-2　B 站的综合榜单

完成操作后，进入该创作者账号的数据主页，创作者就可以看到该账号视频内容近 7 天、14 天和 30 天的播放量了，如果创作者想看到更多该中视频账号的其他数据，就需要单击"工作台"按钮，如图 11-3 所示。

图 11-3　某创作者账号数据主页

进入"数据概览"页面，我们可以清楚地看到该创作者近期发布的视频内容，以及该创作者近期热门视频的播放量。如果我们还想要更详细地了解该创作者账号的内容数据，可以单击"内容数据"按钮，如图 11-4 所示。

图 11-4　某创作者账号的"数据概览"页面

进入"内容数据"页面后，在内容列表中筛选并选中播放量较高的热门视频内容，如图 11-5 所示。进入该热门视频的"内容详情"页面后，我们便可以详细地看到该视频内容的播放数据了，如图 11-6 所示。在该页面中，我们还可以观看该视频的具体内容，分析出视频的亮点。

图11-5　"内容数据"页面

图11-6　"内容详情"页面

11.1.2　关注展现量衡量质量

展现量这一数据与视频质量紧密关联，质量好、契合平台推荐机制的视频，展现量一般比较可观；而质量差，不符合平台推荐机制的视频，展现量往往很少。因此，展现量是一个非常重要的数据，展现量越高意味着视频能被更多人看到，它在很大程度上影响着视频的播放量。

那么，展现量究竟是什么呢？具体来说，展现量就是平台系统得出的一个关于视频会推荐给多少用户来阅读的数据。这一数据并不是凭空产生的，而是系统通过诸多方面的考虑和评估所给出的。一般来说，影响展现量的主要因素是该账号在最近一段时间内发布视频的情况以及中视频内容本身被用户关注的热度等。

以西瓜视频为例，中视频创作者通过浏览器搜索西瓜视频主页并登录进入"西瓜创作平台"板块后，单击"内容管理"按钮，便可以在"内容管理"页面中看到每个视频的展现量，如图 11-7 所示。

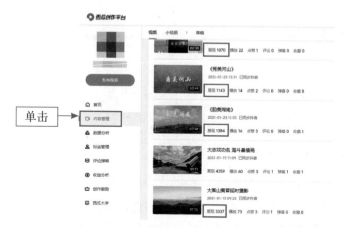

图 11-7　"西瓜创作平台"板块中的"内容管理"页面

11.1.3　关注播放量评估热度

播放量是指视频被观众播放的次数，是用来衡量视频热度的指标之一。其中，播放量又包括某个视频的观看量、昨日播放量、总播放量和粉丝播放量。如果中视频创作者想要在西瓜视频平台观看某个视频的播放量，就可以在"西瓜创作平台"板块的"内容管理"页面查看。如果创作者想要观看昨日播放量，就可以在"西瓜创作平台"板块的"数据分析"页面查看，如图 11-8 所示。

图 11-8　"西瓜创作平台"板块的"数据分析"页面

在"数据分析"页面中，用鼠标滑动至页面下方，单击"播放"按钮，创作者还可以看到某个时间段的总播放量和粉丝播放量的数据变化，如图 11-9 所示。

图 11-9 某时间段的总播放量和粉丝播放量的变化

其中,"粉丝播放量"指的是有多少已成为自身账号粉丝的用户在该时间段内观看了该视频。而总播放量则是指通过头条号后台西瓜视频发表视频、西瓜视频 App 上传视频、今日头条 App 上传视频的累计播放量的总和。创作者通过这些数据的分析,可以评估出用户的观看次数,以此衡量中视频内容受欢迎的程度。

11.1.4 关注完播率分析预期

播放完成率也被称为完播率,是指用户观看某中视频的完成率,完成率越高,意味着该中视频对用户的吸引力越大,作品内容编排更加合理、更能吸引观众。创作者在"西瓜创作平台"板块的"内容管理"页面,单击视频右侧的 ⊕ 按钮,如图 11-10 所示;进入该视频的"数据分析"页面,即可查看该视频的播放完成率,如图 11-11 所示。

图 11-10 "内容管理"页面

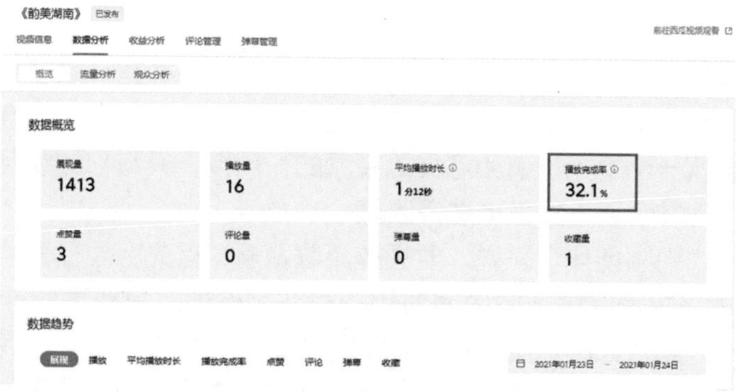

图 11-11　查看播放完成率

11.1.5　关注播放时长把握节奏

视频的播放时长是指视频被观众播放的时间长度，数值越高，意味着该视频被观看的时间越长，内容越吸引人。

视频的"播放时长"与"平均播放时长"是中视频创作者需要重点分析的，它们是创作者找到用户观看视频时痛点的必备数据。这两个数据是有关系的，即平均播放时长＝播放时长/播放量。

这样看来，"平均播放时长"就是所有观看用户平均观看该视频的时长。把"平均播放时长"和"播放完成率"放在一起来进行分析，可以帮助创作者了解视频内容的吸引力，特别是内容节奏的把握，具体内容如下。

（1）了解用户一般会在什么时间离开，离开时附近大概都是些什么内容；

（2）了解视频内容中该时间附近有哪些内容是让用户离开的关键所在。

11.2　间接分析利用长尾效应

长尾效应，指的是在数据正态曲线分布图中，大多数的需求集中在其头部，而个性化的需求体现在其尾部。当中视频创作者在分析数据的时候，可以适当利用长尾效应，平衡用户的大多数需求和个性化需求。

11.2.1　分析收藏量和转发量

以西瓜视频为例，在"西瓜创作平台"板块的"数据分析"页面，中视频创作者能够清晰地看到昨日的"收藏量"和"转发量"，这些数据都是创作者衡量内容价值的关键数据。不仅如此，如果中视频创作者某个视频的收藏量和转发量等数据都很高，系统就会认为该视频很受用户喜欢，从而将加大该视频的推荐力度。下面笔者分别对这两个数据作出详细解析。

1. 收藏量

收藏量是指观看视频后收藏视频的用户数量。这一数据代表了用户对内容价值的肯定。一般来说，如果用户觉得视频内容没有价值，那他是不会耗费终端有限的内存来收藏一个毫无价值和意义的视频的。所以，只有你的视频内容对用户来说有价值，他才会毫不犹豫地选择收藏。

因此，对中视频创作者来说，要想提高收藏量，首先就要提升视频内容的推荐量和播放量，并确保中视频内容对用户有实用价值。只有高的推荐量和播放量，才能在用户基数大的情况上实现收藏量的提升；只有视频内容有实用价值，能够提升用户自身技能或者能给用户某些启发等，才能让用户愿意收藏你的视频内容。

2. 转发量

与收藏量一样，转发量也是可以用来衡量视频内容价值的。转发量是指所有用户观看视频后转发到该视频平台或其他社交平台的次数。一般来说，用户把观看过的视频内容转发给别人的心理动机主要有两种，具体分析如图 11-12 所示。

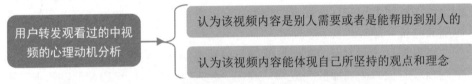

图 11-12　用户转发观看过的中视频的心理动机分析

虽然转发量和收藏量都是用来衡量中视频内容价值的重要数据，但是两者还是存在一定差异的。转发量更多的是用户基于内容价值的普适性而产生转发行为。而基于这一点，创作者想要提高转发量，就应该从 3 个方面着手打造中视频的内容，提升内容价值，如图 11-13 所示。

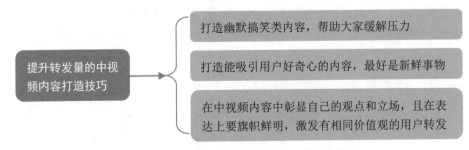

图 11-13　提升转发量的中视频内容打造技巧

11.2.2　分析中视频点赞量

点赞量可以说是评估中视频内容的重要数据,只要内容中存在用户认可的点,他们就很容易点赞该视频。例如,用户会为视频内容中包含正能量而点赞;也会为视频中所表露出来的某种情怀而点赞;还会因为视频中的主角有着某方面出色的技能而点赞等。

以抖音平台为例,我们可以查看的点赞数据有两个,即抖音号的总获赞数和某中视频的获赞数。其中,中视频创作者可以在抖音号主页查看抖音号的总获赞数,如图 11-14 所示。如果中视频创作者想要看某个视频的点赞数,在抖音账号主页点击进入该视频的播放页面,即可观看该视频的点赞量了,如图 11-15 所示。

图 11-14　抖音号点赞数

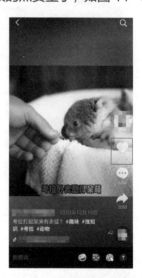

图 11-15　某中视频的点赞数

无论是抖音号的点赞数还是具体中视频的点赞数,不同的账号、不同的内容,其点赞数的差别很大,可以上达数百万、数千万,少的甚至有可能为零。对于创作者来说,抖音号的点赞数当然是越多越好,但在评估抖音号的运营内容时,中视频创作者还需要把账号的总点赞数和具体内容的点赞数结合起来衡量。

其原因就在于,某一抖音号的点赞数可能完全是由某一个或两个中视频的点赞量撑起来的。如果有某些中视频的点赞量很高,创作者就需要仔细分析点赞数高的那些中视频内容到底有哪些方面是值得借鉴的,并按照所获得的经验一步步学习、完善,力求持续打造优质中视频内容,提升账号整体运营内容的价值。

11.2.3　分析中视频互动量

中视频的互动量与收藏量、转发量一样,不仅是影响平台推荐量的重要因素,还是中视频创作者衡量内容价值的关键。以西瓜视频为例，中视频创作者在西瓜视频"西瓜创作平台"板块的"数据分析"页面，就可以观看到平台视频内容的"昨日评论量"。如果创作者想要提升互动量，就要积极回复用户的评论，或者发表视频之后，在该视频的评论区发起话题，积极吸引用户评论。

　　基于此，中视频创作者可以在"西瓜创作平台"板块下的"评论弹幕"页面查看用户发布的评论，然后回复用户，如图 11-16 所示。

图 11-16　　"评论弹幕"页面

11.2.4　分析新增粉丝数据

　　以西瓜视频为例，中视频创作者如果想要查看新增粉丝数据，只需登录西瓜视频平台，进入"西瓜创作平台"板块，在"粉丝管理"页面，便可以看到粉丝的数据概况了，如图 11-17 所示。

图 11-17　查看粉丝数据概况

同时，如果中视频创作者想要查看某个时间段内新增粉丝数量的波动情况，在数据趋势图右侧设置好时间范围，点击"新增粉丝"按钮，这样就可以查看新增粉丝数据的情况了，如图 11-18 所示。

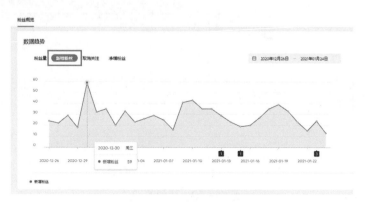

图 11-18　新增粉丝数据趋势折线图

那么，中视频创作者分析新增粉丝数量有何意义呢？笔者将这一问题的答案总结为以下两点。

（1）中视频创作者观察新增粉丝的趋势，可以判断出不同时间段的宣传效果。

（2）观察趋势图的"峰点"和"谷点"，可分析出不同宣传效果出现的原因。峰点表示的是趋势图上处于高处的突然下降的节点。它与谷点（表示的是趋势图上处于低处的突然上升的节点）相对，都是趋势图中特殊的点。

我们观察图 11-18 中的峰点，可以发现 2020 年 12 月 30 日的新增粉丝数据比其他时间的新增粉丝数多，此时，创作者就要思考并查明粉丝数量增长的原因，是不是当天所发布的视频内容对用户的吸引力更大呢？

通过对该问题的具体分析，我们可以把分析的经验复制下去，从而优化内容的方向，不断地寻求吸引粉丝的方法。

11.2.5　分析粉丝了解现状

粉丝的力量是无穷的，比如一些当红的流量明星，支撑他们的很可能不是自己的能力，而是他们拥有了上百万甚至上千万的粉丝量。

所以，作为中视频创作者，进行粉丝分类，提升粉丝活跃率、付费率和留存率是数据分析里很重要的一项工作。创作者通过对粉丝现状的分析，可以清晰地认识到该账号目前的运营情况，并清晰地认识到该账号目前所面临的困境，找到优化的切入点。而通过提升粉丝活跃率、付费率和留存率，创作者可以全面地提升该账号视频的各项数据。下面笔者就分别对粉丝分类，以及提升粉丝活跃率、付费率和留存率的方法进行详细解析。

1. 粉丝分类

一般来说，我们会把粉丝分为 3 个阶层，如图 11-19 所示。

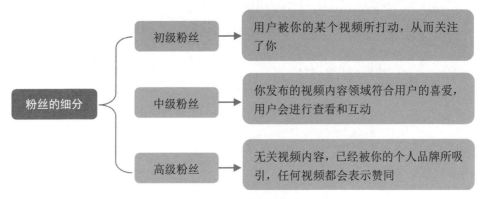

图 11-19　粉丝的细分

其中，初级粉丝、中级粉丝和高级粉丝这 3 个阶层的粉丝虽然类型不同，但是会互相转化。如果你的中视频内容质量够优质，初级粉丝可能会被你的其他视频逐渐吸引，从而转化成你的中级粉丝。如果中级粉丝被你中视频账号树立的个人品牌形象所吸引，那么他们可能就会转化成你的高级粉丝。

相反，如果中视频内容质量较差，粉丝运营维护没做好，高级粉丝也有可能转化成你的中级粉丝、初级粉丝，甚至是掉粉。

2. 粉丝活跃率

粉丝活跃率一般体现在粉丝愿不愿意主动观看你的视频，观看之后是否会产生点赞、评论和分享等行为。粉丝活跃率越高，你的视频数据才会越好，你的视频才会被更多人看见。具体来说，如果中视频创作者想要提高自己中视频账号的粉丝活跃率，可从以下 3 个方面入手，如图 11-20 所示。

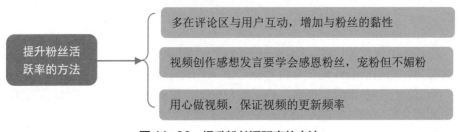

图 11-20　提升粉丝活跃率的方法

3. 粉丝付费率

粉丝付费率一般体现在粉丝愿不愿意接受你在中视频中推广的产品，并且会不会主动购买你推广的产品，从而让品牌商家看到你的商业潜力。粉丝付费率越高，你的商业收入才会越多。

中视频创作者想要提高自己中视频平台账号的粉丝付费率，可从以下 3 个方面入手，如图 11-21 所示。

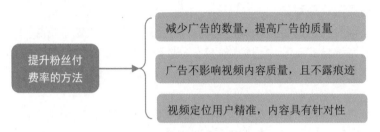

图 11-21　提升粉丝付费率的方法

4. 粉丝留存率

粉丝留存率一般体现在粉丝愿不愿意关注你之后永久不取关，并且是不是从始至终都是你的粉丝。粉丝留存率越高，你的粉丝基础才能稳扎稳打地不断提升，你的中视频平台账号价值才会越来越高。

中视频创作者想要提高自己中视频平台账号的粉丝留存率，可从以下 3 个方面入手，如图 11-22 所示。

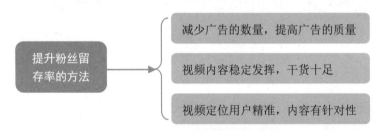

图 11-22　提升粉丝留存率的方法

11.3　掌握技巧做好账号运营

了解了以上数据的重要性之后，中视频创作者要如何提升中视频账号的展现量、播放量、完播率和播放时长等数据，并增加中视频内容的收藏、转发、点赞、互动和新增粉丝的数量呢？本小节笔者就通过对账号运营相关知识的解读，帮助各位中视频创作者找准运营的策略。

11.3.1　个人账号品牌化

经常使用视频平台观看视频的创作者应该会发现，视频平台首页的内容一般是系统按照个人的使用习惯和观看兴趣来推荐的。所以，中视频用户总能在视频平台首页上刷到自己喜欢的内容。

但是，当用户无法被首页推荐满足，想换个内容领域来了解时，一般会选择查看该领域头部账号中的视频。例如，用户想在抖音平台看游戏内容，一般会选择一些头部的游戏账号。

为什么用户在选择特定领域内容时，都会不约而同地先了解头部中视频账号呢？这是因为平台的头部中视频账号都形成了个人品牌，并且已经成为该领域知名度比较高的个人 IP，所以很多用户想要观看某个领域内的内容时，都会想起该主播。

例如，普通中视频账号和头部中视频账号同样是在做某领域内容的中视频，虽然视频的质量也相差不大，但是视频发布后的效果和数据往往却差很多。

因此，如果中视频创作者想贴近用户，获取用户的互动与支持，那么打造自己的个人品牌至关重要。无论你是不是刚开始做中视频，都有必要打造自己的个人品牌。一般来说，你的个人品牌通常会展示给 3 类人群，如图 11-23 所示。

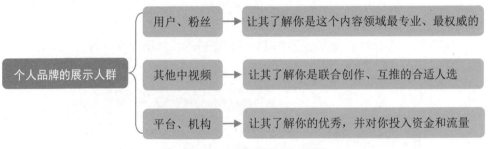

图 11-23　个人品牌的展示人群

中视频创作者想要成功打造自己的个人品牌，首先还得分析账号的运营发展现状，下面我们将对账号运营发展现状的 3 个方面进行全面分析。

1. 粉丝关注

中视频创作者可以通过粉丝关注来了解账号的定位目标，从而更有针对性地创作视频。可能对于大部分中视频账号运营新人而言，其账号的粉丝数很少，但是不用气馁，我们还是可以在粉丝关注里进行"淘金"。

比如现在视频平台很火的合作视频，中视频创作者之间可以通过分工合作来进行视频创作。但是有些中视频创作者对这种合作视频有误区，认为这种视频肯定是要找某领域的头部中视频创作者来合作才会有粉丝引流的效果。

其实不然，我们可以直接在粉丝列表里进行中视频创作者筛选，然后对比较合适的中视频创作者发起邀请。只要中视频创作者之间利用好自己的长处，共同制作出高质量的视频，同样可以为双方进行粉丝的引流。

而且从粉丝关注里进行"淘金"，大大降低了中视频创作者被拒绝的概率。既然他选择关注了你，肯定是你的某些方面也吸引了他。不过在邀约你的粉丝前，最好先关注一下对方，成为互粉好友，表示一下你对他的诚意，能大大提高合作的概率。

2. 知识能力

无论一个视频有多长时间，其创作都体现着中视频创作者的知识能力。当你的中视频拥有了强大的知识能力作支撑时，你的中视频账号才会成为平台的头部 IP。

优秀的知识能力对账号个人品牌的塑造非常重要，其内容不仅包括书面上的知识和专业上的能力，还包括中视频创作者个人长处的方方面面。只要你把所擅长的东西努力做好、放大，你就会受到中视频平台用户的喜爱。

例如，某西瓜视频创作者对钟表颇有研究，修表、鉴表都是他的特长，正是因为他在视频中把他擅长的东西放大了，受到了许多用户关注。图 11-24 所示，为该创作者在视频中展示拆表的技巧。

图 11-24　某创作者在视频中向用户展示拆表技巧

不过需要注意的是，创作者虽然是一个不断输出内容的本体，但是在平日也需要不断输入其他内容来提高自己，从而满足用户的多种需求。

3. 个人剖析

中视频创作者要学会个人剖析，分析自己的优势和劣势，把好的一面传递给用户，展现出优秀的个人品牌。不过在个人剖析的过程中，中视频创作者还要听听其他人的看法。因为自己看自己总是片面的，有些优势和劣势不会被自己发现。

如果从他人那里了解到自己的劣势太多，创作者也不用过于气馁，劣势也有可能转化成你的优势。例如，某演员因在某影视剧中塑造的"游乐王子"角色而爆火，其原因就是他的"塑料普通话（不标准的普通话）"，使用户比较难听懂他说话的字词，从而让用户听后演变出了其他新词语，如"雨女无瓜（与你无关）"等。

每个中视频创作者都有自己的优势和劣势，只要你能很好地运用，你的个人品牌也终将深入用户的内心。

11.3.2　账号运营差异化

如果说做好账号定位是中视频平台的入门，那么账号差异运营则是通往头部中视频账号的必经之路。头部中视频账号之所以成为中视频平台的头部 IP，原因就是这些账号做好了个人品牌的差异运营，就算是同领域内容的中视频账号也有所差别。差异化的运营，可以促使创作者打造出不一样的视频内容，不至于让用户觉得视频的内容千篇一律，从而产生审美疲劳。

所以，每个头部中视频创作者的个人品牌定位都是具有差异的，而且这种差异加深了用户对头部中视频创作者的印象。那么，中视频创作者一般是如何做好个人品牌差异的呢？我们可从以下 3 个方面进行分析，如图 11-25 所示。

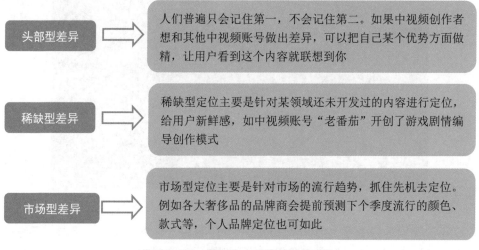

人们普遍只会记住第一，不会记住第二。如果中视频创作者想和其他中视频账号做出差异，可以把自己某个优势方面做精，让用户看到这个内容就联想到你

稀缺型定位主要是针对某领域还未开发过的内容进行定位，给用户新鲜感，如中视频账号"老番茄"开创了游戏剧情编导创作模式

市场型定位主要是针对市场的流行趋势，抓住先机去定位。例如各大奢侈品的品牌商会提前预测下个季度流行的颜色、款式等，个人品牌定位也可如此

图 11-25　做好个人品牌差异的方法

中视频创作者通过这种个人品牌差异化的展示，使你的视频内容区别于中视频平台其他账号，你的视频就会更吸引用户眼球，你的粉丝也会更加牢固。

11.3.3　塑造人设价值

人与人之间的交往，第一印象很重要。这是因为很多人都可能会用第一印象来评价你。对于中视频创作者而言，视频内容就是我们给别人的"第一印象"，别人会通过你发布的视频内容，来初步了解你是一个什么样的人，然后再决定是否深层次了解你。对此，我们可以通过塑造人设价值，提升用户对我们的印象。

需要注意的是，我们在给自己塑造人设时，最好围绕自己的身份和背景去塑造。一般来说，我们塑造人设可以用以下两种方法。

1. 价值塑造

始于颜值，终于价值。一个成功的人设塑造，重要的是价值观的形成。价值观是基于人一定观感之上的认知和理解，对人们的行为有着非常重要的调节作用。中视频创作者如果能够输出好的价值观，就会吸引到更多的粉丝用户，也能使创作出的视频变得更加优质。

每个人的价值观都不同，笔者在这里也无法引导大家进行价值观的转变。但是创作者在视频内容中塑造价值观时，需要注意以下3个方面，如图11-26所示。

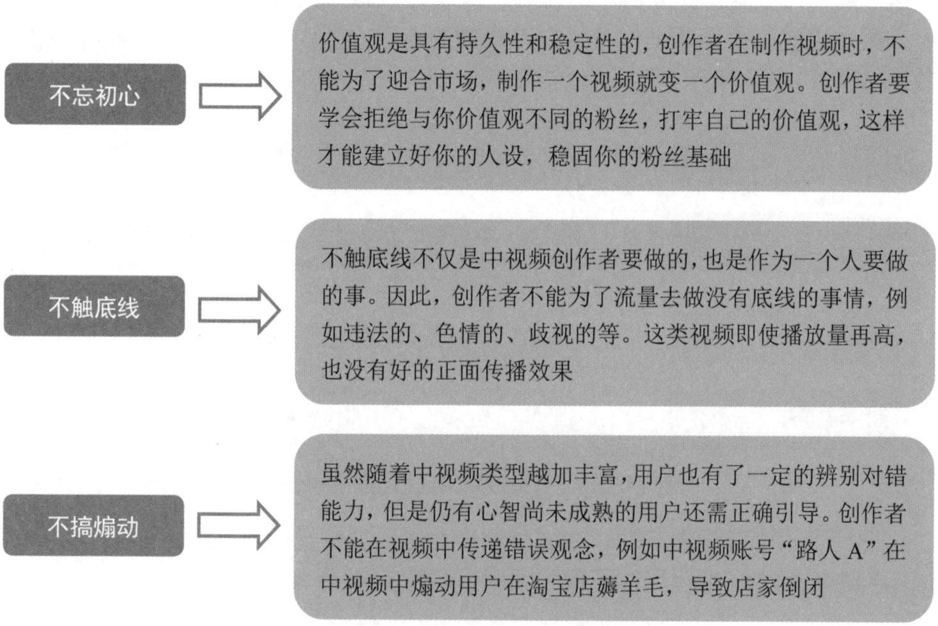

不忘初心	价值观是具有持久性和稳定性的，创作者在制作视频时，不能为了迎合市场，制作一个视频就变一个价值观。创作者要学会拒绝与你价值观不同的粉丝，打牢自己的价值观，这样才能建立好你的人设，稳固你的粉丝基础
不触底线	不触底线不仅是中视频创作者要做的，也是作为一个人要做的事。因此，创作者不能为了流量去做没有底线的事情，例如违法的、色情的、歧视的等。这类视频即使播放量再高，也没有好的正面传播效果
不搞煽动	虽然随着中视频类型越加丰富，用户也有了一定的辨别对错能力，但是仍有心智尚未成熟的用户还需正确引导。创作者不能在视频中传递错误观念，例如中视频账号"路人A"在中视频中煽动用户在淘宝店薅羊毛，导致店家倒闭

图11-26　塑造价值观的注意事项

价值观是一个人随着出生开始，在家庭、学校和社会的共同影响下而逐步形成的。我们尊重每一个人的价值观，它是人们对于客观世界独有的看法，是人独立性的重要标志。

但是我们呼吁大家，中视频账号作为一种自媒体的存在，要为用户生产丰富的内容知识，切忌在视频中传达不正确的价值观，影响社会的稳定健康发展。

2. 特定标语

特定标语指的是中视频中比较标志性的语句，俗称"口头禅"。优秀中视频账号的特定标语，几乎都是一句话或不超过三句话的人设文案。也有可能是创作者和视频人物随意说出的一句口头禅，还有可能是一句符合视频主题的开头语，这些文案都是以符合中视频账号人设来进行创作的。通过每个视频的重复出现，给用户留下记忆点。

例如，某网红就曾以一句极具个性化的"我是×××，一个集美貌与才华于一身的女子"口头禅，俘获了一大批粉丝。又如，红遍全网的某个网红曾用一句"百因必有果，你的报应就是我"而获得了许多人的喜爱。

其实，中视频创作者与网红一样，有粉丝的支撑，才能拥有流量。所以，中视频创作者可以通过特定标语，结合中视频账号的风格特色、人设形象和一些网红出圈的方法来进行视频的创作，利用特定的标语给自己打造一个有个人特色的人设形象，进而获得受众群体的认可，实现人设打造的目的。

具体来说，中视频创作者要打造成功的特定标语，可以从文字和素材本身出发，如图 11-27 所示。

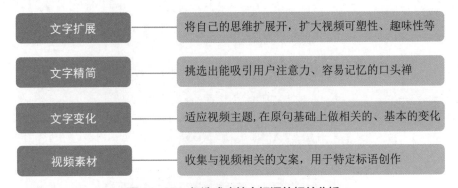

图 11-27　打造成功特定标语的相关分析

在特定标语的构思方面，中视频创作者可以把平日的灵感给记录下来，从而运用到中视频中，但运用时不能脱离中视频的主题。

11.3.4　粉丝运营技巧

很多中视频创作者在运营账号的过程中，经常一味地只关注视频的数据情况，而忽略了粉丝的运营，导致账号的粉丝上不去，视频数据也上不去。这两块内容是相辅相成的，下面我们将介绍 3 个方面的技巧，教你如何运营好粉丝。

1. 粉丝需求

中视频创作者想运营好粉丝，除了做好自己的中视频内容外，还要懂得粉丝的需求。当中视频创作者贴合粉丝的需求去做中视频时，就不愁账号的初级粉丝无法转化成高级粉丝。但是作为中视频创作者，我们该如何了解粉丝的需求呢？下面笔者分享 3 个分析粉丝需求的方法，具体内容如图 11-28 所示。

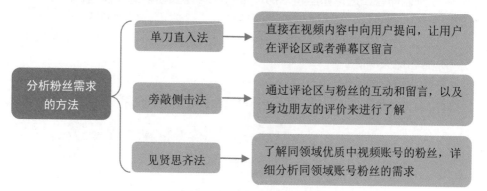

图 11-28　分析粉丝需求的方法

中视频创作者可以通过以上方式了解粉丝想看的是什么内容、喜欢什么样的视频风格、视频时长控制在多长时间、广告接受程度以及对视频有什么改进建议等。

2. 抓老引新

抓牢老粉丝很重要，引入新粉丝同样重要。我们可以在视频中插入一些引流固粉的文案，来博得用户的好感，从而做到"抓老引新"。图 11-29 所示，为某中视频创作者的视频结尾引流文案。

图 11-29　某中视频结尾的引流固粉方式

中视频创作者的引流固粉文案通常是在视频的结尾出现，因为用户观看视频快到结束部分，证明该视频得到了用户的认可。中视频创作者可以用这样的方式来加强用户对自己的印象，还能提醒用户去关注、点赞、评论和转发视频。

3. 对症下药

中视频创作者在进行粉丝运营时，很可能会遇到粉丝的规模增长缓慢，甚至出现衰退趋势的问题。笔者将这些问题总结为 3 个方面，具体如下。

(1) 新粉引入慢。

(2) 老粉流失率高。

(3) 粉丝留存周期短。

针对以上 3 个方面的问题，我们可以总结出以下 3 个原因，如图 11-30 所示。

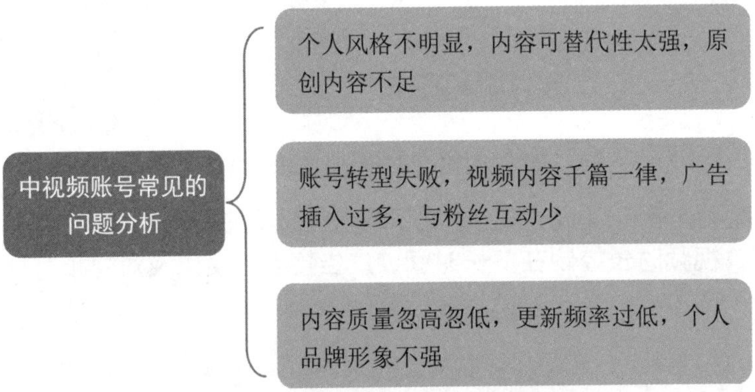

中视频账号常见的问题分析
- 个人风格不明显，内容可替代性太强，原创内容不足
- 账号转型失败，视频内容千篇一律，广告插入过多，与粉丝互动少
- 内容质量忽高忽低，更新频率过低，个人品牌形象不强

图 11-30　中视频账号常见的问题分析

中视频创作者在粉丝运营的常见问题上，首先要找出问题的原因，并有针对性地去改善。如果发现自己的个人风格不明显，中视频创作者就可以重点挖掘自己的个人特点，并在视频里放大，逐渐形成自己的风格。

第 12 章

多种方式高效变现

　　创作者运营中视频账号的目的是吸粉变现，所以了解变现的方式也是各创作者运营中视频账号的要点之一。那么，变现的方式都有哪些呢？本章笔者就向大家介绍一些常见的变现方式。

12.1 电商变现

"电商＋短视频"是短视频变现的有效模式,这种变现模式同样适合中视频。所以我们可以发现,很多中视频创作者都与电商达成了合作,围绕产品进行内容创作,为电商引流。那么,这样的变现模式到底是怎么运作的呢?本小节笔者将专门从"中视频＋电商"的角度,详细介绍中视频的电商变现秘诀。

12.1.1 自营店铺变现

以抖音平台为例,抖音开始的定位是一个方便用户分享美好生活的平台。而随着产品分享、产品橱窗等功能的开通,抖音也开始成为一个带有电商属性的平台,并且其商业价值为外界所看好。

对于开设了抖音小店的抖音中视频创作者来说,通过自营店铺直接卖货无疑是一种十分便利、有效的变现方式。创作者只需在产品橱窗中添加自营店铺中的产品,在所发布的视频中分享产品链接,其他抖音用户便可以点击链接购买产品,如图 12-1 所示。产品销售出去之后,创作者便可以直接获得收益了。

图 12-1　点击链接即可购买产品

12.1.2 卖货赚取佣金

在抖音平台上,创作者即便没有自己的店铺,也能通过帮商家卖货来赚取佣金。也就是说,只要创作者的抖音账号开通了产品橱窗和产品分享功能,便可以通过引导粉丝购买产品获得收益。

例如，一些在抖音上分享原创剧情故事的中视频创作者，通常会借助一些添加了反转或悬念的中视频内容来快速吸粉，然后通过产品分享的方式为一些商家卖货赚取佣金，如图 12-2 所示。

图 12-2　某创作者通过产品分享赚取佣金

当然，不仅仅是抖音平台才可以开通产品橱窗帮助商家卖货，创作者在快手、西瓜视频上也可以通过帮助商家卖货的方式来赚取佣金。图 12-3 所示，为一些西瓜视频平台中视频创作者的产品橱窗。

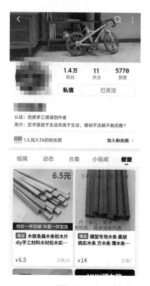

图 12-3　某些中视频创作者的产品橱窗

12.1.3 微商卖货变现

微商卖货变现方式与直接借助抖音、快手和西瓜视频平台卖货的销售载体不同，但也有一个共同点，那就是都要有可以销售的产品。对于创作者来说，想要通过微商卖货来变现，主要的一步就是将一些视频平台上的用户引导至微信等社交软件。

创作者将视频平台上的一些粉丝或普通用户引导至微信等社交软件之后，便可以通过将产品的图片和宣传文案分享至朋友圈等形式来向用户推荐产品了，如图 12-4 所示。

图 12-4　某创作者在微信朋友圈宣传产品

12.2　广告变现

广告变现是中视频创作者盈利的常用方法，也是比较高效的一种变现模式，而且中视频中的广告形式可以分为很多种，比如冠名商广告、浮窗 Logo、广告植入、贴片广告和品牌广告等。当然，值得注意的是，并不是所有的中视频创作者都能通过广告变现，因为如果该创作者的中视频内容方向与产品的定位不契合，就会对变现的效果产生很大影响。

那么，究竟什么样的中视频内容能通过广告变现呢？在笔者看来，能通过广告变现的中视频内容必须具有以下两个优势。

(1) 要拥有上乘的内容质量。

(2) 要有一定的人气基础，只有这样才能达到广告变现的理想效果。

本小节笔者将从广告变现这一常见形式，来分析创作者应该如何利用中视频进行广告变现。

12.2.1　冠名商广告模式

冠名商广告，顾名思义，就是在节目内容中提到名称的广告，这种打广告的方式比较直接且生硬，其主要表现形式有 3 种，如图 12-5 所示。

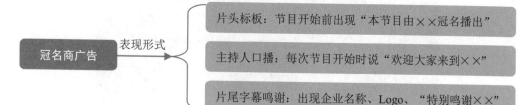

图 12-5　冠名商广告的主要表现形式

在一些中视频内容中，冠名商广告同样也比较活跃，一方面企业可以通过资深的中视频创作者发布的中视频内容来传递品牌的价值观、树立形象，吸引更多的忠实客户；另一方面，中视频创作者可以得到广告商的赞助，生产出更加优质的中视频内容，实现双赢。

大多数中视频创作者不会在视频内直接用这种方式来帮助品牌打广告，而是将品牌的产品结合在视频的内容中，或者在发布视频时，通过比较隐晦的方式来突出品牌的信息。这样一来，用户在观看视频时就能够注意到创作者所要推广的品牌了。图 12-6 所示，为某创作者在发布视频时，通过直接向用户表明赞助商的形式来帮助品牌做推广。

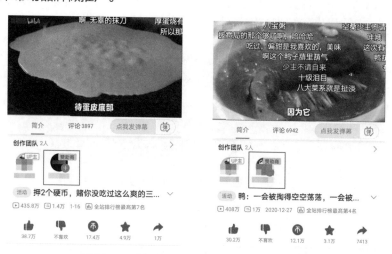

图 12-6　某创作者直接突出赞助商推广品牌

不仅如此，一些中视频创作者也会直接在视频内提到产品名称，来帮助品牌做广告，这与冠名商广告也有相似之处。例如，某位中视频创作者在美食教程中，就向用户提到了某品牌的松露酱，达到了帮助品牌推广产品的目的，如图 12-7 所示。

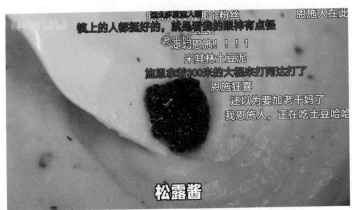

图 12-7　某创作者在视频中提起某品牌的产品

12.2.2　浮窗 Logo 广告模式

除了冠名商广告变现之外，浮窗 Logo 也是广告变现形式的一种，即创作者在制作中视频时，会在视频画面的角落里悬挂品牌的标识，用这种方式帮助品牌增加曝光。这种形式在电视节目中经常可以见到，但在中视频领域应用得比较少。

浮窗 Logo 是广告变现的一种巧妙形式，同样，它也是兼具优缺点的，那么具体来说，它的优点和缺点分别是什么呢？如图 12-8 所示。

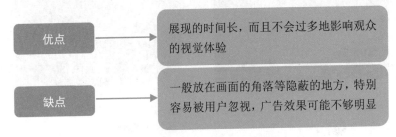

图 12-8　浮窗 Logo 广告模式的优点和缺点

12.2.3　贴片广告模式

贴片广告是通过展示品牌本身来吸引大众注意的一种比较直观的广告变现方式，一般出现在片头或者片尾，紧贴着视频内容。图 12-9 所示，为贴片广告的典型案例，品牌的 Logo 一目了然。

bilibili
这味道

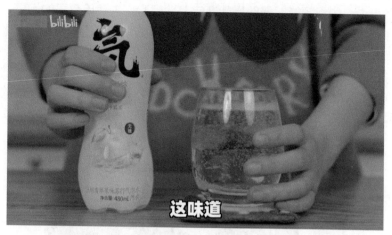

图 12-9　贴片广告

贴片广告的优势有很多，这也是它比其他的广告形式更容易受到广告主青睐的原因，其具体优势包括如图 12-10 所示的几点。

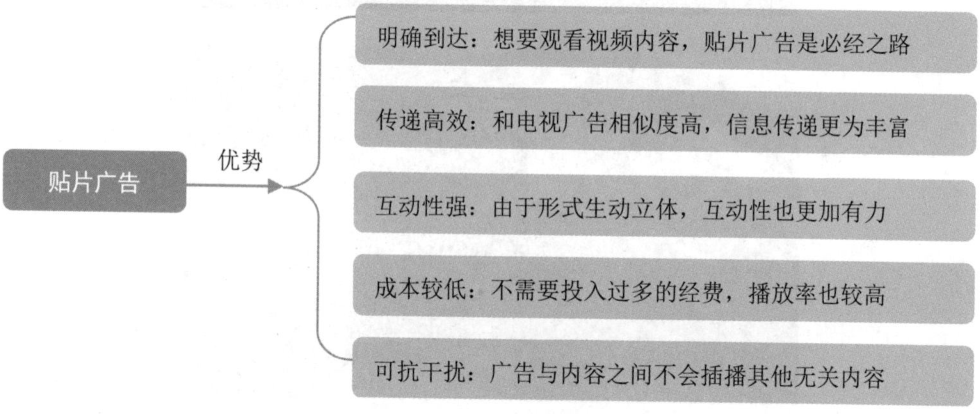
贴片广告
优势
明确到达：想要观看视频内容，贴片广告是必经之路
传递高效：和电视广告相似度高，信息传递更为丰富
互动性强：由于形式生动立体，互动性也更加有力
成本较低：不需要投入过多的经费，播放率也较高
可抗干扰：广告与内容之间不会插播其他无关内容

图 12-10　贴片广告的优势

12.2.4　品牌广告模式

品牌广告即以品牌为中心，为品牌和企业量身定做的专属广告。这种广告形式从品牌自身出发，完全是为了表达企业的品牌文化、理念而服务，致力于打造更为自然、生动的广告内容。值得注意的是，虽然这样的广告变现方式更为高效，但是其制作费用相对而言也比较昂贵，这也是大多数品牌找中视频创作者定制品牌广告的原因。

如果把品牌广告结合在中视频的内容中，企业就能极大地减少制作视频的成本。也就是说，中视频能够帮助品牌商完美地规避广告费用高昂的问题，这是因为中视频不仅能帮助品牌传递价值的优势，呈现品牌的形式还非常多样化。

例如，某中视频创作者在西瓜视频平台以分享自驾穷游的经历而获得了很多粉丝的关注，一个汽车品牌从他身上看到了商机，联系了这位创作者，给这位中视频创作者赞助了一辆汽车，于是该创作者利用中视频把汽车品牌赞助的经过呈现给了观看视频的用户，达到了帮助该汽车品牌推广的目的，如图 12-11 所示。

图 12-11　某中视频创作者分享被赞助的经历帮助品牌宣传产品

中视频创作者利用这种方式来给品牌打广告，所能达到的宣传效果是非常好的。与其他形式的广告方式不同，利用这种方式能够弱化自己的推销性质，也能够帮助品牌传递价值。

12.3　直播变现

对于一些中视频内容方向比较小众的创作者来说，他们的视频内容很可能与大多数产品的定位并不契合，所以他们可能很难通过广告来实现变现。

例如，B 站上一些做鬼畜视频的创作者就很少有机会接到品牌方的广告，所以这类创作者通常会通过直播来获取粉丝的打赏实现变现。当然，一些中视频创作者有了人气之后，还有可能会通过直播带货的方式来变现。

12.3.1　直播间礼物变现

随着变现方式的不断拓展深化，很多视频平台已经不再局限于只向用户提供观看视频的功能了。只要中视频创作者在视频平台上有一定的粉丝基础，就可以在平台上开直播，利用直播间礼物变现的方式实现变现。不仅如此，创作者在直播中通常还可以与粉丝进行互动，增强粉丝黏性。

图 12-12 所示，为快手平台某游戏中视频创作者的主页，利用游戏视频吸粉，定期开直播便是她的主要变现方式。所以，在她的直播间中我们经常会看到一些用户会给她打赏礼物。

图 12-12　某创作者的账号主页及其直播间

12.3.2　直播带货变现

通过直播，可以获得一定的流量。如果创作者能够借用这些流量进行产品销售，让用户边看边买，就可以直接将自己的粉丝变成店铺的潜在消费者了。相比于传统的图文营销，这种直播导购的方式可以让用户更直观地把握产品，所以它取得的营销效果往往也要更好一些。

图12-13 所示，为某美妆知识创作者直播卖货的相关界面，用户在观看直播时只需点击下方的▣按钮，即可在弹出的菜单中看到直播销售的产品了。

图 12-13　某创作者直播带货的相关界面

如果用户想要购买某件产品，只需点击该产品右方的"领券抢购"按钮，便可进入该产品的抖音信息详情界面，支付对应金额，完成下单。

不过，创作者在通过直播卖货进行变现时，需要特别注意两点。其一，主播一定要懂得带动气氛，吸引用户驻足。这不仅可以刺激用户购买产品，还能通过庞大的在线观看数量，让更多用户主动进入直播间。

其二，要在直播中为用户提供便利的购买渠道。因为有时候用户购买产品只是一瞬间的想法，如果购买方式太麻烦，用户可能会放弃购买。而且在直播中提供购买渠道，也有利于主播为用户及时答疑，提高产品的成交率。

12.4　知识付费

知识付费是近年来内容创业者比较关注的话题，也是中视频变现的一种新思路。当然，中视频创作者想要通过知识付费变现，你的视频内容不仅要优质，还要有一个好的播放量，这样才会有人为你买单。那么，知识付费又有哪些具体形式呢？本小节笔者将分享 4 种知识付费的方式，以供中视频创作者参考。

12.4.1　付费咨询变现

付费咨询在近几年越发火热，因为它符合移动化生产和消费的大趋势，尤其是在自媒体领域，付费咨询已经呈现出一片欣欣向荣的景象。因此，一些付费咨询平台也是层出不穷，比如悟空问答、知乎、得到和喜马拉雅 FM 等。

值得思考的是，付费咨询到底有哪些优势呢？为何这么多人热衷于用金钱购买知识呢？笔者将其总结为以下 3 点，如图 12-14 所示。

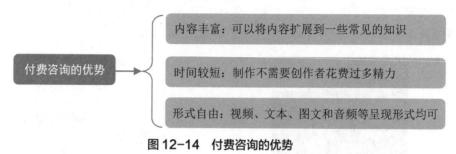

图 12-14　付费咨询的优势

12.4.2　线上授课变现

知识付费的变现形式还包括教学课程的收费，一是因为线上授课已经有了成功的经验，二是因为教学课程的内容更加专业，具有精准的指向和较强的知识属性。比如很多平台就已经形成了较为成熟的视频付费模式，如沪江网校、网易云课堂和腾讯课堂等。创作者在制作中视频内容时，可以通过总结出一些个人经验，并通过线上授课的方式来分享给用户，如图 12-15 所示。

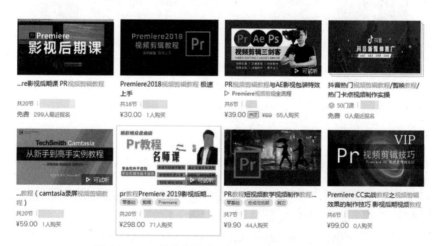

图 12-15　某些创作者利用线上授课的方式变现

12.4.3　出版图书变现

如果创作者已经在中视频领域深耕过一段时间，并拥有了一定的影响力或者有一定经验之后，就可以将自己的经验进行总结，然后进行图书出版，以此获得收益。

一般来说，中视频创作者采用出版图书这种方式去获得盈利，在自身有基础与实力的情况下，收益还是很乐观的。例如，某抖音号以发布治愈人心的情感视频而积累了 4700 多万粉丝，如图 12-16 所示。拥有了大批粉丝之后，该账号便成了一个强 IP，与它相关联的图书也相继出版，如图 12-17 所示。

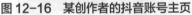

图 12-16　某创作者的抖音账号主页　　图 12-17　某创作者出版的图书

不仅如此，如果你的图书作品销售很火爆，你还可以通过售卖版权的方式来变现。例如，你出版的是小说等类别的图书，就可能会被拍成电影、电视剧或者网络剧等。因此，创作者利用这种方式变现收入是相当可观的。当然，这种变现方式可能比较适合那些成熟的中视频团队。

12.4.4　销售干货变现

对于部分中视频创作者来说，如果自身没有时间和精力为用户提供咨询、线上授课和实体类产品的服务，还可以通过销售干货的方式来变现。

只要创作者及其团队拥有足够的干货内容，就可以直接在一些视频平台上通过招收学员的方式来销售录播课程，赚取收益。

例如，创作者可以利用西瓜视频、B 站、视频号、抖音和快手等平台积累粉丝，进行自我宣传，再把自己总结的一些技能，如视频剪辑、账号运营、内容制作等知识销售给用户，从而给自己带来收益。

当然，如果创作者没有系统的干货知识，只需向用户多分享一些运营中视频账号过程中的一些经验，将这些经验与视频内容相融合，吸引了足够的粉丝之后，就可以在平台的橱窗中上架一些商品，实现变现。

12.5　其他变现方式

　　了解了电商、广告、直播和知识付费等变现方式之后，下面笔者再分享两个变现的技巧。

12.5.1　签约机构变现

　　MCN 是 Multi-Channel Network 的缩写，MCN 模式来自于国外成熟的网红运作，是一种多频道网络的产品形态，基于资本的大力支持，生产专业化的内容，以保障变现的稳定性。随着中视频的不断发展，用户对中视频内容的审美标准也有所提升，因此这也要求中视频团队不断增强创作的专业性。

　　由此，MCN 模式在中视频领域逐渐成为一种标签化 IP，单纯的个人创作很难形成有力的竞争优势，因此加入 MCN 机构是提升中视频内容质量的不二选择。一是可以提供丰富的资源，二是能够帮助创作者完成一系列的相关工作。有了 MCN 机构的存在，创作者就可以更加专注于内容的精打细磨，而不必分心于内容的打造、账号的运营和变现了。

　　MCN 机构的发展也是十分迅猛的，因为中视频行业正处于发展阶段，所以MCN 机构的生长和改变也是不可避免。目前，中视频创作者与 MCN 机构都是以签约模式展开合作的，不过，MCN 机构的发展不是很平衡，也阻碍了部分创作者的发展，它在未来的发展趋势主要分为两种，具体如图 12-18 所示。

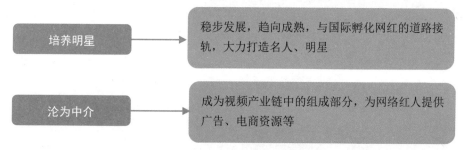

图 12-18　MCN 机构的发展趋势

　　由此可见，MCN 模式的机构化运营对于中视频创作者的变现来说是十分有利的，但创作者在选择签约机构的同时，也要注意 MCN 机构的发展趋势，如果没有选择到一个发展趋势好的机构，就很有可能难以实现变现的理想效果。

12.5.2　IP 增值变现

　　一个强大的 IP，一定是具备良好的商业前景的。当创作者通过拍摄中视频积累了大量粉丝时，很有可能会让自己成为一个知名度比较高的 IP，这样一些商家就有可能会邀请其做广告代言。此时，中视频创作者便可以通过赚取广告费的方式，进行 IP 变现。

例如，某创作者以拍搞笑视频出圈，她成功地让自己成为一个大 IP 之后，便经常被邀请参加一些综艺节目，还成功地拿下了一些品牌的代言。图 12-19 所示，为该创作者代言某品牌洗衣机的广告。

图 12-19　某创作者代言某品牌洗衣机的广告